国家自然科学基金项目(51974238)资助
陕西省教育厅重点科研计划项目(22JY042)资助

煤矿瓦斯爆炸多因素耦合风险动态评估及预警方法研究

郭慧敏　李树刚　成连华　林海飞　著

中国矿业大学出版社
·徐州·

内容提要

本书以煤矿瓦斯爆炸风险为研究对象，遵循理论分析与现场实践相结合、定性分析与定量计算相结合、信息融合与计算机相结合的研究原则，基于事故致因理论、扎根理论、系统科学、风险管控等相关理论，运用案例分析、现场调研、理论研究、模拟仿真、系统开发等综合方法，建立了瓦斯爆炸前兆信息知识库，挖掘了瓦斯爆炸风险耦合关联规则，提出了多因素耦合风险分级度量方法，构建了瓦斯爆炸多因素耦合风险推演模型，开发了基于多源信息融合的煤矿瓦斯爆炸耦合风险态势推演系统，实现了瓦斯爆炸多因素耦合风险动态评估和超前管控，为瓦斯爆炸风险预警提供新思路和新方法。

本书可作为煤矿安全生产领域的研究人员、管理人员及工程技术人员的参考书。

图书在版编目(CIP)数据

煤矿瓦斯爆炸多因素耦合风险动态评估及预警方法研究/郭慧敏等著. —徐州：中国矿业大学出版社，2023.12

ISBN 978-7-5646-6112-0

Ⅰ. ①煤… Ⅱ. ①郭… Ⅲ. ①煤矿—瓦斯爆炸—预警系统 Ⅳ. ①TD712

中国国家版本馆 CIP 数据核字(2023)第 250705 号

书　　名　煤矿瓦斯爆炸多因素耦合风险动态评估及预警方法研究
著　　者　郭慧敏　李树刚　成连华　林海飞
责任编辑　黄本斌
出版发行　中国矿业大学出版社有限责任公司
（江苏省徐州市解放南路　邮编 221008）
营销热线　(0516)83885370　83884103
出版服务　(0516)83995789　83884920
网　　址　http://www.cumtp.com　**E-mail**:cumtpvip@cumtp.com
印　　刷　苏州市古得堡数码印刷有限公司
开　　本　787 mm×1092 mm　1/16　**印张** 8.5　**字数** 166 千字
版次印次　2023 年 12 月第 1 版　2023 年 12 月第 1 次印刷
定　　价　36.00 元

前　言

煤矿在开采煤炭资源过程中会伴随着各类灾害事故的发生，其中瓦斯爆炸事故是矿井重大灾害之一，突发性强、波及面广、破坏力大、伤亡人数多。一旦发生瓦斯爆炸，可能造成大量的人员伤亡和财产损失，且极易导致衍生事故发生。鉴于瓦斯与煤的伴生特性，在矿井中瓦斯爆炸风险普遍存在。另外，随着浅层煤炭资源逐渐枯竭，我国煤矿开采深度及强度不断增加，煤炭赋存条件更加复杂，地应力、瓦斯压力、地温等不断增大，瓦斯灾害风险日趋复杂。针对目前瓦斯爆炸事故预警方法的单一性及事故演化过程中多因素耦合风险快速判定及定量表述中存在的薄弱环节，本书采用案例分析、现场调研、理论研究、模拟仿真、系统开发等综合方法，提出了瓦斯爆炸多因素耦合风险分级度量方法，构建了瓦斯爆炸耦合风险态势推演系统，实现了基于监测、检查等多源信息融合的瓦斯爆炸耦合风险在线快速判定及预测预警，对于瓦斯爆炸事故的预防和管控具有重要意义。

本书运用扎根理论、前兆信息理论、风险耦合理论、数据挖掘技术、复杂网络和系统动力学方法等多学科交叉理论和方法进行了瓦斯爆炸耦合风险态势推演系统的构建与检验研究。第1章概述了本书的研究背景和意义，并简要介绍了本书的主要研究内容。第2章系统总结和归纳了煤矿瓦斯爆炸事故的发生规律及致因特征。第3章建立了煤矿瓦斯爆炸前兆信息知识库。第4章挖掘了煤矿瓦斯爆炸风险因素之间的耦合关联规则。第5章提出了煤矿瓦斯爆炸多因素耦合风险的分级度量方法。第6章构建了煤矿瓦斯爆炸多因素耦合风险演化模型。第7章开发了煤矿瓦斯爆炸多因素耦合风险态势推演系统。研究成果对于煤矿瓦斯爆炸耦合风险超前管控和预判发挥重要作用，为实现瓦斯爆炸风险的综合预警提供了理论与技术支撑，具有较高的学术研究价值和推广应用前景。

本书得到了国家自然科学基金项目(51974238)、陕西省教育厅重点科研计划项目(22JY042)以及西安科技大学高质量学术专著出版资助计划(XGZ2024034)的资助，作者在此表示衷心的感谢。作者在撰写本书的过程中，参考了国内外大量相关的论著及研究成果，对文献作者表示衷心的感谢。本书由刘静波、解萌玥、陈凯强、李楠、赵旭东等负责校对，此外西安科技大学也为作者的研究提供了帮助与支持，在此一并表示衷心的感谢！

由于作者水平有限，书中难免存在不足之处，敬请读者批评指正。

作　者

2023年5月于西安

目 录

1 绪　　论

1.1 研究背景及意义

1.1.1 研究背景

煤矿在开采煤炭资源过程中会伴随着多种灾害事故的发生，如瓦斯爆炸、煤尘爆炸、煤与瓦斯突出、中毒、窒息、火灾、透水、顶板垮落等事故。瓦斯爆炸具有隐蔽性、突发性和巨大的破坏性，一旦发生瓦斯爆炸，就可能造成大量的人员伤亡和财产损失，且极易导致衍生事故发生。根据国家矿山安全监察局的统计结果，煤矿发生一次死亡 10 人以上的重特大事故中，绝大多数是瓦斯爆炸事故，占重特大事故总数的 70%左右[1]。鉴于瓦斯与煤的伴生特性，在矿井中瓦斯爆炸风险普遍存在。同时，开采过程中采空区遗煤、工作面和裸露煤壁不断解吸瓦斯并向井下空间放散，决定了井下空间中瓦斯积聚的复杂特性，并由于煤矿井下可能出现的明火、煤炭自燃、电火花、炽热的金属表面、撞击或摩擦火花都能引爆瓦斯，加剧了瓦斯爆炸事故出现的随机性。另外，随着浅层煤炭资源逐渐枯竭及开采强度不断增加，我国煤矿开采深度正以 8～12 m/a 的平均速度向深部延深，中东部地区的延深速度达到了 10～25 m/a[2]。深部煤炭的赋存条件更加复杂，地应力、瓦斯压力、地温等不断增大，瓦斯灾害风险日趋复杂。因此，重视煤矿瓦斯爆炸事故致因机理及风险超前管控，对改善我国瓦斯灾害防控现状具有重要的理论意义和实用价值。

由图 1.1 可知，2010—2020 年间，在 392 起较大及以上煤矿事故中，瓦斯爆炸事故 125 起，为煤矿事故总数的 31.89%，瓦斯爆炸事故死亡 1 090 人，为煤矿事故死亡总人数的 32.72%。统计结果表明，我国煤矿安全生产形势虽大幅好转，但瓦斯爆炸事故仍为今后防治的重点。为预防煤矿瓦斯爆炸事故发生，学者们围绕瓦斯抽采技术[3-6]、瓦斯监测预警[7-8]、火源管理[9-10]、人-机-环-管风险评估[11-13]等方面开展了卓有成效的研究工作，取得了丰硕成果，为瓦斯爆炸事故预防做出了重要贡献。但煤矿瓦斯爆炸事故的发生并不是单一因素作用的结果，而是多种因素相互影响、共同作用的结果。因此，在进行煤矿瓦斯爆炸事故风险评估时，不仅要系统分析单个因素的作用，还要综合分析瓦斯动力系统各因素之间的耦合作用。近年来，为实现瓦斯爆炸风险的预先管控，部分学者通过构建瓦斯爆炸风险评价模型评估矿井瓦斯爆炸风险[14-17]。最新研究表明，随着信息技术的发展，瓦斯爆炸风险的智能评判和预警即将提上日程。然而，现有的研究仅仅表明了瓦斯爆炸各风险因素之间具有相互影响关系，在各因素耦合作用机理、耦合作用下的风险演化规律以及瓦斯爆炸风险的度量标准等方面尚缺乏有效理论支撑，尤其是在耦合风险的定量化表述及快速判定方面。

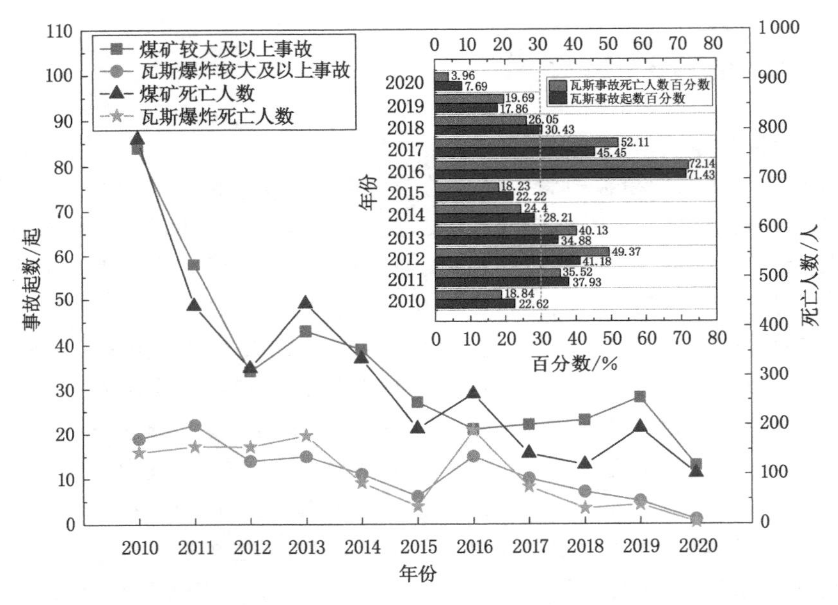

图 1.1　2010—2020 年较大及以上煤矿事故和瓦斯爆炸事故统计图

因此，本书以煤矿瓦斯爆炸事故预警信息的多样性、及时性为目标，以煤矿瓦斯爆炸各风险因素的耦合作用机理、耦合作用下的风险演化规律以及瓦斯爆炸耦合风险的度量标准为核心，通过建立瓦斯爆炸事故的前兆信息知识库，进一步研究瓦斯爆炸风险耦合作用关系，提出耦合风险分级度量方法，并根据系统动力学原理构建耦合风险推演模型，最后运用 JDK1.9＋平台开发瓦斯爆炸耦合风险态势推演系统，实现基于监测、检查等多源信息融合的瓦斯爆炸风险在线快速判定和态势推演，以期为瓦斯爆炸风险的预先防控提供理论支撑。

1.1.2 研究意义

瓦斯爆炸是煤矿生产的重大灾害之一，其破坏性极强，事故一旦发生极易造成巨大的人员伤亡和财产损失，因此，煤矿瓦斯爆炸事故的超前防控对煤矿安全生产具有重要意义。国内外学者在瓦斯爆炸事故的预防技术及管理方面进行了大量研究，取得了一定的成效。煤矿井下开采环境复杂、特殊、多变，涉及的人、机械设备、地质环境等不确定性较多，导致煤矿井下的生产安全难以预测和控制。瓦斯爆炸事故的发生不是单一因素作用的结果，而是多因素交互作用的非线性耦合演化的结果，各因素既有其独立性，又相互作用、相互影响。在煤矿井下生产过程中，任意一个风险因素状态的改变，都可能造成事件的演化路径发生变化。针对瓦斯爆炸风险中各影响因素耦合作用机理、耦合演化规律及风险度量准则等问题，基于大量瓦斯爆炸事故信息统计分析，运用 Carma 数据挖掘算法对各风险因素的关联规则进行分析，建立瓦斯爆炸多因素耦合风险演化模型，提出基于多源信息的瓦斯爆炸风险等级快速判定及综合预警方法，实现可视化态势推演，为提高瓦斯爆炸事故预防管理水平提供理论基础。

本书通过对近十年我国瓦斯爆炸事故进行统计分析，针对瓦斯爆炸多因素耦合风险复杂性、异质性、不确定性、动态性等特征，构建多因素耦合风险演化模型，基于多源信息，实现瓦斯爆炸耦合风险在线快速定量化评判，并根据评判结果提出相应的对策建议。研究成果对于煤矿瓦斯爆炸风险超前管控和预判发挥出了重要作用，可为实现瓦斯爆炸风险的快速判定提供理论支撑，对加强煤矿瓦斯爆炸事故风险管理、实现煤矿安全生产具有重要意义。

1.2 国内外研究现状

1.2.1 煤矿瓦斯爆炸事故特征与规律研究现状

事故统计分析是安全管理的重要内容，是以大量事故案例为基础，应用数理统计的原理和方法探索事故发生的原因与规律的一种方法，为事故预测和安全决策提供科学依据。加强对煤矿瓦斯灾害事故的统计分析和事故规律的研究对认识我国煤矿瓦斯灾害防控现状和事故发展趋势、科学制定事故控制目标和防控决策，以及促进煤炭工业安全可持续发展具有重要的理论意义和实用价值[18-19]。在煤矿瓦斯爆炸事故的调查与统计分析研究中，瓦斯爆炸事故的个案分析研究对抑制煤矿瓦斯爆炸事故和促进煤矿安全生产提供了许多宝贵的安全管理经验。目前，学者对于瓦斯爆炸事故特征与规律的研究主要集中在对瓦斯事故的类型、事故起数、死亡人数、瓦斯引爆地点、瓦斯积聚原因、引爆火源、人的不安全行为、环境特征等的事故统计规律和趋势预测等方面。

Zhang 等[20]从瓦斯积聚、点火源、爆炸场所、工作区域、事故时间和煤矿所有权等方面分析了重特大瓦斯爆炸事故发生的特征；陈红等[21-22]对瓦斯爆炸事故中人的不安全行为与环境进行了分析研究；Yin 等[23]对 2000—2014 年我国发生的 201 起重大瓦斯爆炸事故进行统计分析，从作业场所、工艺流程和设备安装三个维度对人的不安全行为进行了分析；周心权等[24]针对重大瓦斯爆炸事故从发生概率的角度分析了灾害致因；殷文韬等[25]、谭国庆等[26]从矿井性质、矿井瓦斯等级、灾害事故原因以及采煤方法等方面分析了重特大瓦斯爆炸事故的规律和特征；杨永辰等[27]研究了发生在采煤工作面的特大瓦斯爆炸事故的特点；Wang 等[28]对 2006—2010 年瓦斯事故进行定量分析，统计表明瓦斯事故发生近似呈指数分布；李润求等[29]对 2001—2010 年我国煤矿瓦斯灾害事故发生规律进行了交叉耦合综合分析；安明燕等[30]对 2007—2016 年全国煤矿瓦斯灾害事故发生规律进行了统计分析；王建国等[31]对 2012—2016 年我国煤矿较大以上瓦斯事故发生规律进行了分析研究；刘建胜等[32]、Yang 等[33]对 2001—2013 年发生的瓦斯爆炸事故进行了统计分析，并对这 13 年间瓦斯爆炸的数量和相应的死亡人数进行了比较分析。

综上，各学者从瓦斯爆炸事故发生的时间和地点、矿井瓦斯等级、采煤方法、瓦斯积聚、点火源等角度找寻事故发生的特征规律，针对共性问题提出相应的对策措施。这些研究对提高煤矿安全管理水平、促进煤矿安全生产提供了许多宝贵的安全管理经验，为事故预防和安全生产决策提供了科学依据。尽管如此，随着科技的发展，煤炭开采技术和装备的革新，员工安全意识的提高以及煤矿安全管理能力的提升，煤矿瓦斯爆炸事故的发生规律随之变化，与以往存在一定的差异。因此，需要不断地根据新的形势特征进行归纳分析，才能顺应变化，及时发现事故发生的特征规律，进而采取相应的对策措施预防事故。

1.2.2 煤矿瓦斯爆炸事故致因研究现状

瓦斯爆炸是一定浓度的甲烷和空气中的氧气在高温热源作用下发生激烈的氧化反应过程。从煤矿安全生产系统实际情况来看，瓦斯的涌出与积聚和火源的产生是瓦斯爆炸灾害防控的核心问题。煤矿井下生产系统是人工与自然耦合的时空动态复杂系统，从瓦斯爆炸的物理化学机理上看是瓦斯、氧气和火源在一定条件下的瞬时耦合，但从爆炸灾害风险源演化到灾害发生的过程则有其内在因果关系和演化规律，特别是井下生产过程中瓦斯的积聚和火源的产生，是煤矿井下生产特有的时空动态变化条件下人-机-环境-管理多因素复杂耦合演化的结果。

在瓦斯爆炸致因分析方面，Ajrash 等[34]、余明高等[35]、Xu 等[36]等研究了不同瓦斯浓度、不同障碍物等因素对瓦斯爆炸的影响特性；葛瑛等[37]、王国栋等[38]、Gao等[39]从行为、技术、温度等方面对瓦斯爆炸的致因因素及传播规律展开研究；王秋红等[40]运用20 L爆炸特性系统测试瓦斯在不同点火能量、静止及湍流状态下的爆炸下限及温度压力耦合条件下瓦斯爆炸极限；Patterson等[41]、Lenné等[42]通过人为因素分析与分类系统对煤矿事故进行致因因素分析，以确定煤矿中的人为因素缺陷和系统缺陷；Saleh等[43]通过大量文献和事故案例分析，从人的行为、组织管理和技术设备3个方面对美国煤矿事故致因进行研究；Yu等[44]通过大量事故案例分析，对煤炭产量压力与季节性死亡率之间的关系进行研究；时国庆等[45]、孙继平[46]、张津嘉等[47]通过研究表明瓦斯爆炸事故是社会技术系统内外部环境共同作用的结果；雷煜斌等[48]运用Apriori算法，从设备、环境和人因因素3方面对瓦斯爆炸事故进行分析，并提出瓦斯爆炸事故致因链；温廷新等[49]提出一种风险识别模型，确定了煤层瓦斯含量、地质构造情况、自然发火可能性、风量供需比、防护设施、瓦斯抽采率、防爆设备完好率等19个判别指标；Li等[50]运用贝叶斯网络BN定量评估煤矿瓦斯爆炸风险，认为通风机故障、电气设备失爆是导致瓦斯爆炸的关键因素；鲁锦涛等[51]基于三类危险源理论提取14个风险因素，并运用灰色-物元评估模型对煤矿瓦斯爆炸风险进行评估；汪圣伟等[52]运用事故树分析法(FTA)，从人为、管理、环境和设备4个方面选取违章爆破、采空区瓦斯涌出、煤炭自燃、机器防爆失效等22个指标，建立了基于AHP-SPA的瓦斯爆炸风险评价模型。

在瓦斯爆炸致因模型构建方面，Leveson等[53-54]从系统元素动态交互作用的角度提出系统理论事故致因模型；田水承等[55]应用解释结构模型对因素之间的复杂关系进行研究，构建煤矿瓦斯爆炸事故致因ISM模型；傅贵等[56-57]、索晓[58]运用事故致因“2-4”模型的事故原因分析方法，分析导致瓦斯爆炸事故发生的各类原因；祝楷[59]运用STAMP模型从物理过程、基层操作、直接监管、矿级监管和系统设计、省级监管及事故的动态过程等方面对导致煤矿事故发生的原因进行研究；成连华等[60]从个体情景认知的角度提出了基于情景认知的瓦斯爆炸事故致因模型；刘鹏等[61]基于本体语言OWL构建瓦斯爆炸事故树本体，实现了顶上事件发生概率的计算；杨萌萌等[62]基于Petri网理论构建瓦斯爆炸演变模型，发现演变过程中各个危险源可信度的变化；张津嘉等[63]运用混沌理论建立瓦斯爆炸综合论事故模型，分析瓦斯爆炸事故各因素的演化关系；施式亮等[64]运用分形学理论构建瓦斯爆炸事故时序数据模型，分析瓦斯爆炸事故时间序列的动力学特征；张津嘉等[65]运用统计分析法归纳出一般瓦斯爆炸事故的核心条件、差异条件和扩大条件，通过分析三者之间的相互作用关系，建立特大瓦斯爆炸事故致因模型。

在多因素耦合致灾方面，李新春等[66]针对诱发煤矿事故危险源的特点，研究了基于人、机、环境和管理四位一体的多因素耦合作用下煤矿事故复杂性机理，建立了多因素耦合作用下的煤矿事故诱发机理模型；Zhang 等[67]应用 ISM-NK 解释结构模型探索风险因素之间的耦合关系和耦合效应，通过对我国煤矿 332 起瓦斯爆炸事故的分析，提出了 16 种耦合危险因素；潘启东等[68]通过灾害网络结构对煤矿灾害存在的复杂动态演化和耦合关系进行研究；李岩等[69]从单因素、双因素和多因素角度分析，构建基于复杂网络的 N-K 模型，计算出不同风险因素之间的耦合关系；李兴东等[70]提出一种基于集对分析-区间三角模糊数的煤矿内因火灾危险性评价耦合模型；彭信山[71]研究了综掘工作面复杂条件下人-环之间的耦合关系；刘全龙等[72]采用改进的模糊 DEMATEL 模型，对煤矿系统多因素之间的耦合作用强度进行度量；殷文韬等[73]通过对煤矿瓦斯爆炸有关的设备设施进行有效分类，对涉及瓦斯积聚和产生点火源的设备设施进行了耦合规律分析，得到了最易引起瓦斯爆炸的设备设施组合；李润求等[74]通过对瓦斯爆炸事故的瓦斯积聚原因、引爆火源和引爆地点等特征与耦合规律进行研究，得出不同因素之间的耦合占比；乔万冠等[75]通过构建耦合度模型对煤矿 4 个子系统之间的耦合作用大小进行度量；张津嘉、许开立等[76-77]对瓦斯爆炸事故风险传导的路径及内在机理进行研究，从风险涌现角度构建风险耦合层次网络模型，并利用 N-K 模型分析了各风险因素之间的耦合关系，研究表明瓦斯爆炸事故是瓦斯动力系统内外部因素风险耦合作用的结果，其演化过程是微观风险因素间的非线性耦合导致宏观层级结构状态发生阶跃式突变。

1.2.3 煤矿瓦斯爆炸事故风险评价研究现状

在煤矿瓦斯爆炸事故风险评价方面，国内外学者主要从风险指标体系构建和风险评价方法两个方面进行了研究。在风险指标体系构建方面，Cioca 等[78]和 Mahdevari 等[79]从甲烷-空气混合和点火源两个方面建立了瓦斯爆炸事故评价指标体系，甲烷-空气混合包含了甲烷排放系统失效等 7 个因素，点火源包含煤炭自燃等 6 个因素；Fisne 等[80]从煤层赋存深度、煤层厚度及倾角、煤与瓦斯喷出量、构造扰动等角度对影响煤与瓦斯突出的因素进行了分析；黄冬梅[81]、伍诺坦等[82]、于观华等[83]以三类危险源理论为基础，建立多层级风险评级指标体系；潘超等[84]在改进的三类危险源理论的基础上，建立煤矿瓦斯爆炸危险性评价指标体系，构建了 FAHP-FCE 瓦斯爆炸危险性评价模型；张涛涛等[85]根据灾害系统理论和风险理论，结合煤矿瓦斯爆炸特点，构建由孕险环境、致险因子、承险体 3 个子系统组成的煤矿瓦斯爆炸风险指标体系；李新春等[86]从人、机器设备(物)、环境、管理的角度构建四类危险源的单因素风险指标体系度量模型；Nian 等[87]运用灰色关联分析法分析了煤矿瓦斯爆炸事故的主要影响因素，建立了多层次网络指标评估模型;张宁等[88]从人、机、环境、管理4个方面选取诱发煤矿瓦斯爆炸事故的因素,并利用相关性分析筛选出相关性较强的变量,以GeNie为平台构建煤矿瓦斯爆炸致因贝叶斯网络模型。

在风险评价方法方面,各学者在传统的安全检查表、灾害指标评分法、作业区域瓦斯爆炸危险评价法等基础上形成了多种风险评估技术与方法,如基于模糊数学[89]、层次分析法[90]、可拓学理论[91]、灰色理论[92]、熵理论[93]、神经网络[94]等非线性理论的危险性评价方法,这些方法促进了矿山安全技术的发展,完善了危险性评估理论与方法,在实际应用中也获得了较好效果。Krause等[95]开发了一种甲烷风险评估方法,基于Delphi方法的启发式方法和由专家小组进行的小组调查用于评估甲烷风险的大小;刘芮葭[96]采用区间层次分析法与灰色理论相结合的方法,运用改进的中心点型三角白化权函数对瓦斯爆炸进行危险性评价;施式亮等[97-98]通过对煤矿瓦斯爆炸复杂非线性系统分析,在层次分析法和灰色聚类法等研究基础上建立煤矿瓦斯爆炸事故演化危险性评价的非线性多层次灰色评价模型;罗振敏等[99]、张旺等[100]提出基于突变级数理论的瓦斯爆炸危险性评价模型;贾宝山[101]结合灰色理论与区间层次分析法,提出基于灰色-IAHP的煤矿瓦斯爆炸危险性评价方法;李润求等[102]应用区间层次分析法建立评估对象层次结构体系,构建基于IAHP-ECM的灾害风险评估模型;Tong等[103]基于专家知识,提出贝叶斯网络与德尔菲方法的集成是动态评估矿井瓦斯爆炸事故的有效方法;念其锋等[104]、刘慧玲等[105]、Shi等[106]运用模糊综合评价理论与未确知测度理论,建立了瓦斯爆炸风险评价模型;林柏泉等[107]采用事故树分析法并结合系统论开发了瓦斯爆炸危险性评价软件;李志鹏等[108]采用LS-DYNA建立流固耦合数值模型,对爆炸过程中瓦斯积聚进行了等效量化评估。

1.2.4 煤矿瓦斯爆炸事故态势推演研究现状

“态势感知”“态势推演”最早出现在军事领域[109],德国、加拿大等通过研究态势推演系统,开发设置假想的作战环境,根据设定的规则和操作干预进行交互性仿真,用以进行军事训练和作战演习。态势推演的核心思想是演化和预测,由时间、空间和对象三要素构成,态势一般是动态的,主要是指事物发展的时序形势及状态。简而言之,态势推演是指通过获取基本态势数据,根据以往的事物发展规律,结合演化分析设定事件发生规则,对事件进行时序模拟,从而预测下一时刻的形势及状态。态势推演的结果取决于基础数据的获取(态势指标体系)、演化规则的设定(演化模型及定量化)以及预期目标的干预(应对措施)。目前,态势推演被广泛应用于航空、交通、网络、电网、工业能源、医疗等领域[110],主要从态势推演方法和系统开发两方面进行研究。

在态势推演方法方面，主要运用贝叶斯网络[111]、系统动力学[112-113]、元胞自动机[114-115]、复杂网络[116]等理论方法，通过分析事件发生特征，研究事件演化路径及态势发展规则，构建态势推演模型。这四种方法各有优缺点，贝叶斯网络是从事件条件概率的角度进行推演，无法根据规则进行自动推演，可以作为推演的辅助工具进行定量测算；系统动力学用于特定环境推演结果精确，但不具备普适性，从系统动力学角度无法适应事件发生的随机性与偶然性，具有一定的推演局限；元胞自动机是一种时间、空间、状态都离散的动力学模型，能够根据设定的规则自动推演复杂现象，常用来模拟复杂系统的时空动态随机演化过程；复杂网络适用于多事件的演化模拟，不适用于单事件。

在态势推演系统方面，从军事领域逐步向其他领域发展，目前在应急管理领域应用较多。美国 ETC 公司开发的 ADMS 灾难管理模拟系统能够开展多灾种的仿真与应急演练；德国的危机预防信息系统，主要用于评估灾难的现状和面临的问题，分析应采取的对策措施等。相比国外态势推演系统的发展，国内起步相对较晚，但随着应急管理部的成立，应急平台建设被全面推进，基于物联网、大数据、云平台的信息化和智能化被广泛应用于研究。何世伟等[117]对铁路运输态势推演系统架构及关键技术进行研究，开发了基于实时大数据的铁路货运日常运输生产总体态势推演系统；张庆华等[118]根据煤矿监管监察的行政区域划分预警区域，开发了瓦斯灾害区域安全态势预警软件系统，实现了数据的动态采集与存储、综合分析和实时预警；李爽等[119]构建集智能感知、安全态势评估与风险智能预警于一体的煤矿安全态势感知系统；王赛君[120]结合公共安全事件、态势演化和应急决策知识，建立了面向公共安全的态势推演系统，通过推测事件发展的阶段特征，实施安全应对措施，根据未来发展趋势，适时调整干预策略，以期为减少事故发生提供应对决策依据。

1.2.5 煤矿瓦斯爆炸事故风险预警研究现状

预警理论最早出现在军事领域，20 世纪 80 年代开始，预警理论开始应用到管理科学领域，此后，预警理论与方法的研究经历了从定性到定性与定量结合、从点预警到综合预警的转变过程。国外在经济领域预警[121-123]、自然灾害预警[124-125]等方面研究非常成熟，但在煤矿领域灾害预警研究较少。我国在 20 世纪 90 年代才开始预警理论的研究，在煤矿行业也逐步扩展，如采掘业灾害预警管理[126]、矿井通风安全管理预警[127]等。

灾害预防与控制需要建立有效的风险识别与预警体系，以实现灾害风险的“早期识别”和事故的“事先预防”。煤矿瓦斯爆炸灾害风险模式识别与预警管理是通过一定的管理措施和技术手段，遵循“辨识、定量、比较、对策”的原则，对瓦斯爆炸灾害风险源进行辨识、监测、评价、预警和控制，以降低灾害风险发生的可能性以及可能造成的损失，达到消除或控制灾害风险、遏制事故发生的动态过程。

目前，各学者在煤矿安全风险分级防控及预警[128-129]、瓦斯浓度梯度异常预警[130]、可拓学煤矿安全预警[131-132]、煤矿事故隐患监控预警方法[133]、安全监测预警系统[134]、自组织神经网络预警模型[135]、基于极值统计理论的瓦斯浓度预警[136]、煤与瓦斯突出预警指标体系构建[137]、基于 INTEMOR 的煤矿瓦斯事故智能预警[138]等方面取得了一系列成果，这些研究成果推动了煤矿安全生产风险预警技术的发展，丰富和完善了风险预警理论，为煤矿安全生产做出了积极的贡献。

在预警技术研究方面，美国亚利桑那大学开发了矿井动态采矿环境下的智能化管理决策支持系统[139]；澳大利亚建立了基于风险预警指标的触发响应机制，保障了煤矿的安全生产[140]；Lurka[141]运用被动 CT 技术对煤矿进行灾害风险评估，提高监测预警的可靠度；Sundermeyer 等[142]、Dou 等[143]采用深度学习技术自动挖掘数据之间存在的潜在关联关系，提高瓦斯变化预测的精度；袁亮等[144-145]通过总结我国煤矿典型动力灾害预防存在的主要问题，提出了煤矿典型动力灾害风险精准判识及监控预警的新理念与关键技术；李伟山等[146]采用深度学习技术建立瓦斯预测模型，研究与设计煤矿瓦斯预测预警系统；王平等[147]、郭德勇等[148]、陈宁等[149]基于 GIS 技术，结合瓦斯爆炸诱因建立瓦斯灾害的超前预警系统；吴杰等[150]用无线传感器网络技术，开发了以无线传感器网络为基础的预警系统。

在预警模型构建方面，姜福兴等[151]提出复合动力学灾害危险性的临场预警、中期预警以及远期预警的关键监测参数；周忠科等[152]、念其锋等[153]运用神经网络建立综合预警模型；陈佳林等[154]结合各类煤矿基础数据、动态监测数据，基于连续值逻辑柔性神经网络模型，构建基于柔性神经元网络的决策树风险预警模型；赵淳[155]采用数据挖掘技术建立非线性模糊综合评价瓦斯爆炸预警模型；Che 等[156]考虑到以往瓦斯爆炸研究方法的局限性，提出三维(3D)建模与仿真方法；孟现飞[157]、赵慧含[158]基于矿山环境分析和事故危险源理论，运用本体技术构建瓦斯爆炸事故树本体，用于瓦斯爆炸事故预警的辅助决策；王向前等[159]利用本体对煤矿安全监控领域的信息进行系统化组织，将煤矿安全监控本体及推理规则与 Jena 推理机进行绑定形成具有推理机制的安全监控预警模型；孙宇航等[160]结合趋势面分析法建立瓦斯爆炸预警模型，实现对瓦斯潜在危险性的预测和预警；陈鸿等[161]通过分析煤矿瓦斯事故危险源和案例推理的本质，提出基于超限学习机 ELM 的预警模型。

1.2.6 研究述评

尽管目前在瓦斯爆炸事故预防方面取得了诸多成效，但由于瓦斯爆炸风险的动态复杂特性，并随着煤层瓦斯含量增加，使得瓦斯风险管控难度进一步加大，在瓦斯爆炸风险各影响因素耦合作用机理、耦合风险演化的量化表述及耦合风险分级标准等方面尚需进一步研究。

（1）煤矿瓦斯爆炸多因素耦合风险演化机理及定量化评估尚不明确

煤矿瓦斯爆炸事故的发生并不是单一因素作用的结果，而是源于多种因素的耦合作用。已有研究表明，大多瓦斯爆炸各影响因素之间仅具有相互作用关系，而对于煤矿井下人-机-环-管系统复杂性及瓦斯爆炸灾害子系统的相互作用和耦合关系、瓦斯爆炸事故演化的宏微观特征及其耦合规律、瓦斯爆炸事故耦合因素以及事故演化过程的定量化评估方面有待进一步研究。此外，尽管部分学者对耦合风险的评判提出了多种模型和计算方法，但在风险等级标准制定方面尚缺乏依据，有待进一步明确。

（2）基于多源信息的煤矿瓦斯爆炸耦合风险态势推演尚不完善

目前，煤矿瓦斯爆炸事故的预警主要从瓦斯浓度实时监测、瓦斯浓度及涌出量预测、评估模型构建等方面进行的。瓦斯浓度实时数据是瓦斯爆炸事故最直接的预警信息，但信息的单一性使得预警的准确性、及时性及有效性存在问题；瓦斯浓度及涌出量预测仅从技术的角度忽略了人为及管理的影响；评估模型的构建多从单因素的角度忽略了耦合风险的作用。因此，需要借助多源信息进行瓦斯爆炸综合预警，运用多因素耦合风险态势推演，从瓦斯爆炸事故的演化过程中进行风险信息预警，有助于瓦斯爆炸风险的超前管控。

（3）煤矿瓦斯爆炸多因素耦合风险快速判定方法有待进一步研究

在对瓦斯爆炸事故风险辨别、评估、预警和控制过程中，需要大量的基础数据和相关信息作为判断和决策的依据，所以，风险数据和前兆信息的准确性、可靠性以及有效性，是保证风险监测与评估、态势推演、预警和控制的过程和结果可靠与否的先决条件。当前对于瓦斯爆炸风险等级的判定多借助于评价指标体系和计算方法，但这种方式在实践中操作困难且难以实施，因此，亟须研究一种基于多源信息的瓦斯爆炸耦合风险态势推演系统，实现煤矿瓦斯爆炸风险等级的简便、快速、准确判定，根据态势推演结果，采取相应的干预措施，减少瓦斯爆炸事故的发生。

1.3 本书结构与内容

本书针对煤矿瓦斯爆炸耦合风险预判及管控中存在的薄弱环节，以瓦斯爆炸耦合风险分级度量和态势推演为研究目的，采用案例分析、现场调研、理论研究、模拟仿真、系统开发等综合方法，从瓦斯爆炸的“前兆信息—演化路径—耦合评估—态势推演”四个方面进行研究。

本书分为7章,具体内容如下。

第1章:主要介绍本书的研究背景、意义及现状,通过对国内外研究现状的分析提出目前研究存在的不足之处。

第2章:通过统计我国2010—2020年发生的125起较大及以上煤矿瓦斯爆炸事故案例,针对瓦斯爆炸事故等级特征、时空规律、分形时序特性,瓦斯积聚及引爆火源产生的原因,得到瓦斯爆炸事故特征及统计规律,并基于事故致因理论,从微观、中观和宏观层次对瓦斯爆炸事故致因进行深入分析。

第3章:基于瓦斯爆炸事故致因分析,运用扎根理论对瓦斯爆炸事故的前兆信息进行编码提取,并结合相关法律法规、标准规范中关于瓦斯、通风和火源管理的规定,通过分析、整理、归纳,从前兆信息、相关规定、依据三方面构建瓦斯爆炸事故前兆信息知识库。

第4章:基于前兆信息知识库,运用数据挖掘技术与复杂网络原理,从固-人-机-环-管五个维度探索导致瓦斯爆炸事故发生的关联规则;明晰前兆信息组合与瓦斯爆炸事故发生的强关联规则,确定强关联规则中各前兆信息的耦合相关性,构建基于强关联规则的煤矿瓦斯爆炸复杂网络演化路径。

第5章:运用风险矩阵法确定单因素风险等级;将单因素中的定性指标定量化,定量指标无量纲化处理,并采用序关系分析法和熵权法对各指标进行综合赋权;通过计算各风险指标的耦合度,根据单因素风险值、权重系数和风险耦合度,提出多因素耦合风险分级度量方法。

第6章:根据瓦斯爆炸演化路径及耦合风险分级度量方法,构建基于系统动力学的瓦斯爆炸耦合风险推演模型;运用Vensim软件对瓦斯爆炸耦合风险演化模型进行仿真模拟,得到系统瓦斯爆炸风险演化趋势及指标变量的风险变化趋势,通过调整系统运行的相关参数,检验模型的适用性及可行性。

第7章:通过前期的理论分析与模拟仿真,运用JDK1.9+平台开发瓦斯爆炸耦合风险态势推演系统。将前期理论分析的结果按照不同层级的信息进行转化,通过多源数据的捕捉与获取,按照不同功能进行信息自动化处理,实现瓦斯爆炸耦合风险快速评估与态势推演,提出瓦斯爆炸综合预警方法。

2　煤矿瓦斯爆炸事故统计规律及致因分析

2.1　事故案例选取

瓦斯事故一度被称为煤矿安全生产的“第一杀手”，经过党和政府、企业、社会多方面及几代人的共同努力，瓦斯事故的发生基本得到了控制。但是，随着我国煤矿开采条件不断复杂化，瓦斯治理问题更是出现了新的变化，我国瓦斯事故防治形势依然严峻。煤矿安全生产系统的稳定运行受自然、社会等诸多因素非线性作用的影响，而瓦斯动力系统由于人的不安全行为、物的不安全状态和环境的不安全因素在时空序列中处于不断地变化状态，呈现复杂的非线性动力学特征。

随着生产技术的发展，煤矿机械化程度的提高，安全管理体系的逐步健全及各种安全设施设备的投入，全国煤矿安全生产形势较以往呈现大幅好转。统计表明，2004 年我国煤矿机械化程度平均为 42%，2010 年达到 58.5%，2020 年达到 75%，煤矿机械化和智能化建设取得较大进展。煤矿开采机械化程度的提升不仅能提高煤炭开采效率，而且有利于降低煤炭事故的发生率。

随着煤矿机械化程度的提高及工艺技术的革新，瓦斯爆炸事故的发生也随之呈现不同的规律特征。2001—2009 年全国发生煤矿瓦斯爆炸事故948 起，死亡 8 731 人(图 2.1)，相较之下 2010—2020 年瓦斯爆炸事故起数及死亡人数明显降低，煤矿瓦斯爆炸事故特点及发生规律产生一定变化，而这一阶段的事故规律及特征更能反映当前及未来一段时间的事故发生情况。因此，本书根据应急管理部和各省市应急管理部门官网等公布的关于瓦斯爆炸事故的相关资料，选取 2010—2020 年我国发生的 125 起较大及以上瓦斯爆炸事故案例进行统计分析，为煤矿瓦斯爆炸事故防控提供依据。

根据国家矿山安全监察局发布的《矿山生产安全事故报告和调查处理办

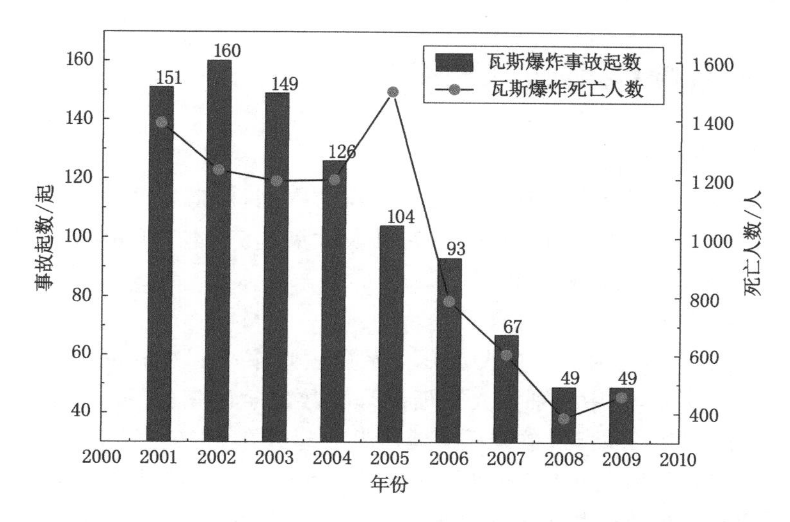

图 2.1　2001—2009 年煤矿瓦斯爆炸事故统计图

法》(矿安〔2023〕7 号),按照事故造成的人员伤亡或者直接经济损失可将事故分为四类,分别为一般事故、较大事故、重大事故和特别重大事故。据此分类,本书对 2010—2020 年较大及以上瓦斯爆炸事故进行等级占比分析,如图 2.2 所示,较大瓦斯爆炸事故起数占比最高,高达 72%,但重大瓦斯爆炸事故死亡人数占比最高,达到 43.68%。其中,较大瓦斯爆炸事故 90 起,死亡 466 人;重大瓦斯爆炸事故 31 起,死亡 477 人;特别重大瓦斯爆炸事故 4 起,死亡 149 人。从事故平均死亡人数来看,较大瓦斯爆炸事故平均每起死亡 5.18 人;重大瓦斯爆炸事故平均每起死亡 15.39 人;特别重大瓦斯爆炸事故平均每起死亡 37.25 人。

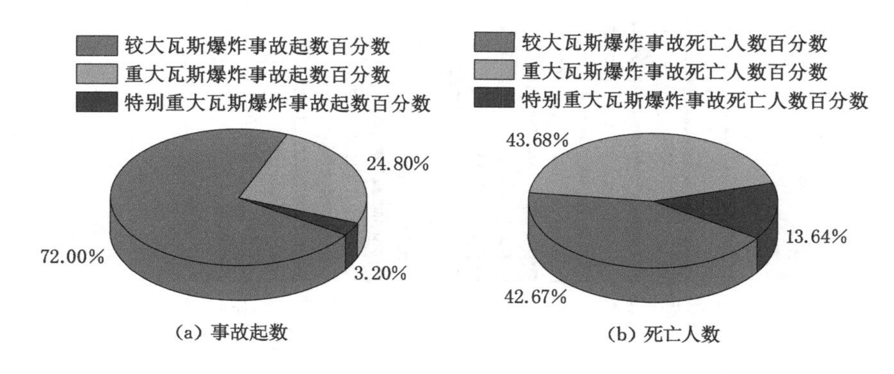

图 2.2　2010—2020 年煤矿瓦斯爆炸事故等级分布

2.2 瓦斯爆炸事故统计规律

2.2.1 时间分布规律

随着工业技术革新及管理人员安全意识的提高,煤矿生产安全形势已快速好转。为掌握煤矿瓦斯爆炸事故发生特征及发展趋势,本节分别按年份、月份、时间级统计分析事故的规律。

(1) 年份分布

2010—2020 年我国煤矿较大及以上瓦斯爆炸事故起数和死亡人数按年份分布如图 2.3 所示,其中特别重大瓦斯爆炸事故发生的年份只有 2012 年、2013 年和 2016 年,见图 2.3(a);重大瓦斯爆炸事故起数在 2010—2013 年波动不大,从 2014 年开始,呈波动式减小;较大瓦斯爆炸事故起数呈波动式下降趋势,但仍在每年瓦斯爆炸事故起数中占比最大。由图 2.3(b)可知,瓦斯爆炸事故死亡人数呈波动式下降趋势,其中,2013 年和 2016 年死亡人数为 2010—2020 年煤矿瓦斯爆炸事故死亡人数最高的两年。结合图 2.3(a)可知,2013 年和 2016 年均发生了特别重大瓦斯爆炸事故,其死亡人数分别占当年较大及以上瓦斯爆炸事故死亡总人数的 20.11%和 34.39%;2013 年和 2016 年发生的重大瓦斯爆炸事故起数也相对较多,其死亡人数分别占当年较大及以上瓦斯爆炸事故死亡总人

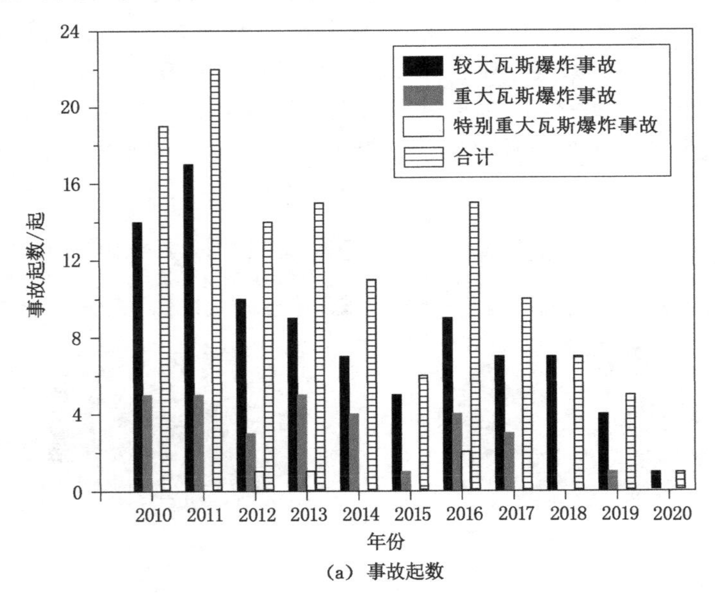

(a) 事故起数

图 2.3 2010—2020 年煤矿较大及以上瓦斯爆炸事故发生年度分布

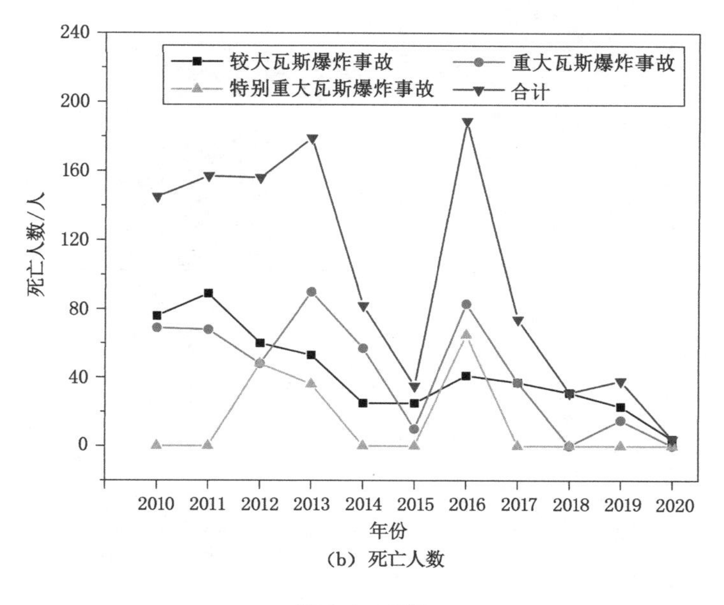

(b) 死亡人数

图 2.3 (续)

数的 50.28%和 43.92%。此外,2010—2020 年瓦斯爆炸总事故起数与较大瓦斯爆炸事故起数变化趋势一致,总死亡人数与重大瓦斯爆炸事故死亡人数变化趋势一致。

综上分析,2010—2020 年间煤矿瓦斯爆炸事故防控整体形势“稳中向好”,已取得显著成效,2020 年全国未发生重特大瓦斯爆炸事故,发生较大瓦斯爆炸事故 1 起,死亡 4 人。截至 2020 年年底,全国还有 840 处高瓦斯、719 处煤与瓦斯突出煤矿,且随着开采深度不断增加,部分煤矿由低瓦斯矿井向高突矿井演变,因此,对于瓦斯爆炸事故的防控依然不可懈怠。2010—2020 年呈现的变化规律与国家行政法规、经济结构、煤矿机械化程度、瓦斯抽采技术以及瓦斯治理技术息息相关。

(2) 月份分布

一年内不同时期煤矿生产任务不同,按月份对 2010—2020 年较大及以上瓦斯爆炸事故进行分析,如图 2.4 所示。根据图 2.4 可知,2010—2020 年各季度较大及以上瓦斯爆炸事故发生起数均占事故总数的 20%~30%之间,其中,第二、四季度是瓦斯爆炸事故的高发期,尤其是 4 月、5 月、10 月和 12 月,第一、三季度相对较少。2010—2020 年各季度较大及以上瓦斯爆炸事故的死亡人数与事故起数变化规律相似,第一、二季度先增加后减小,第三、四季度呈波动式递增,主要受季节变化、生产压力等方面影响。其中,第四季度的情况较为严重,重

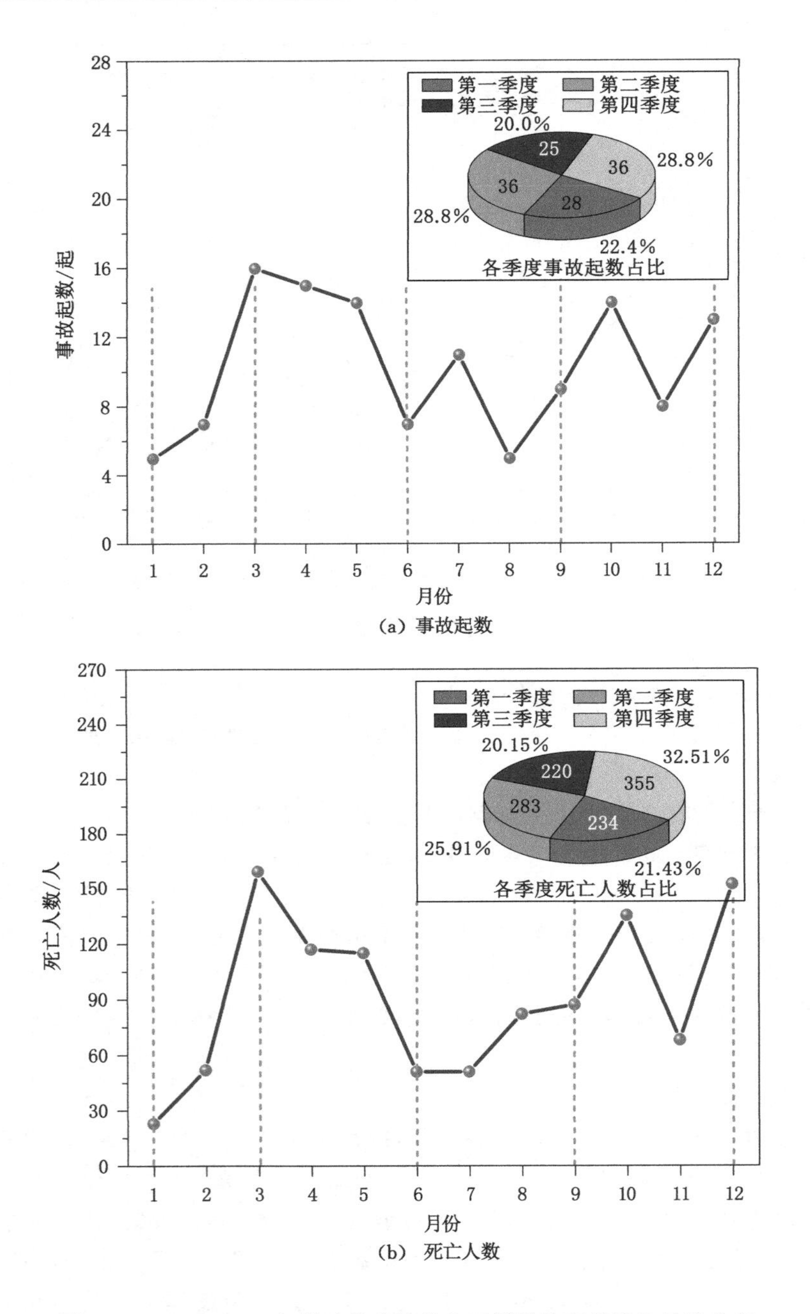

(a) 事故起数

(b) 死亡人数

图 2.4　2010—2020 年煤矿较大及以上瓦斯爆炸事故发生月份分布

特大事故大都发生在此季度，死亡人数占比高达 32.51%；第一、二季度死亡人数次之，占比分别为 21.43%和 25.92%。由于第四季度年关将至，且冬季煤炭需求量增大，煤矿企业的生产指标、经济指标、安全指标等各项指标压力较大，不管是管理人员还是一线生产矿工，受各项指标压力的影响，生产过程中易出现违章行为，这也就容易造成事故发生。尤其是 12 月份，煤矿企业为赶工作量、抢进度、完任务，无视安全盲目开采，违法违规、冒险蛮干带来的风险加剧；另外，随着煤炭增产保供进入关键期，超能力、超强度、超定员生产冲击，设备满负荷甚至超负荷运转，极易发生瓦斯爆炸事故。相比一季度，企业生产压力相对较小，且受上一年度安全工作总结经验的影响，员工安全生产意识较强，所以瓦斯爆炸事故起数及死亡人数相对较少。

(3) 24 h 分布

我国煤矿工作时间以“三八制”为主，不同时间段的工作人员，其发生不安全行为的状况有所不同。按照煤矿井下工作倒班制度，对 2010—2020 年煤矿早、中、晚班较大及以上瓦斯爆炸事故发生情况进行统计分析，由于部分事故案例未写明具体发生时间，故最终统计得到 117 起事故(死亡 1 043 人)，一天 24 h 对应的事故起数及死亡人数如图 2.5 所示。

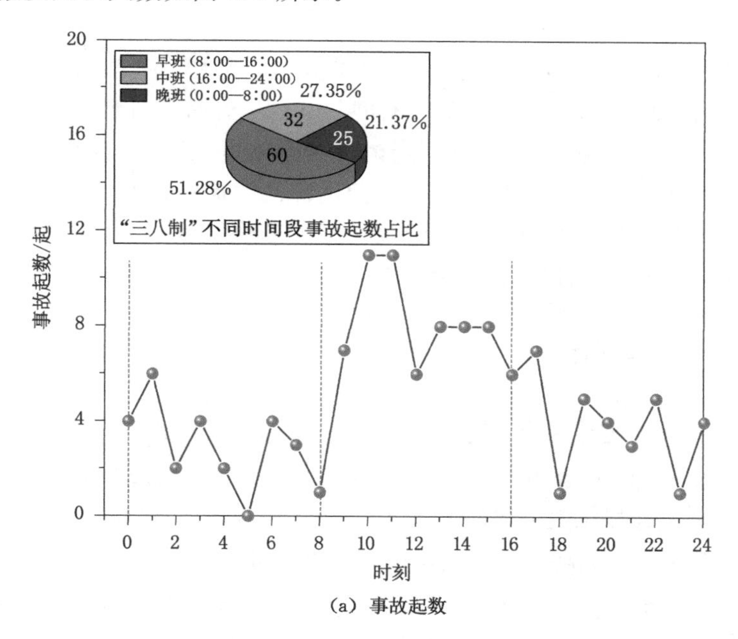

(a) 事故起数

图 2.5　2010—2020 年煤矿较大及以上瓦斯爆炸事故发生时刻分布

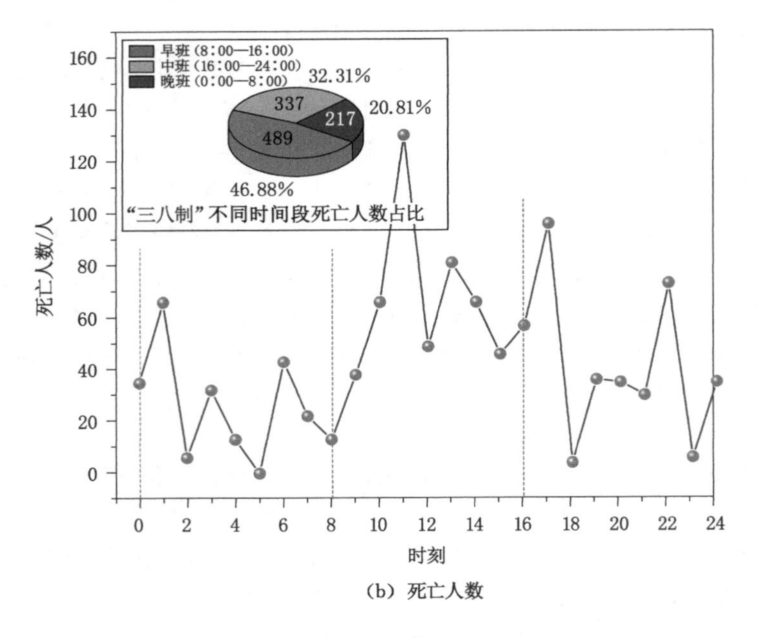

(b) 死亡人数

图 2.5 （续）

一天中早班时间段内发生瓦斯爆炸事故起数及死亡人数占比最大，尤其是11 时，为事故高发段，其次是中班和晚班。以往学者对轮班疲劳点的研究表明，早班、中班分别在作业 6 h、5 h 后，身体达到睡眠点，此时大部分矿工感到极度疲劳，而夜班矿工在凌晨 0 时到 4 时之间生理机能水平处于全天的最低值，大多数矿工在前 4 h 就感觉极度疲劳，容易出现不安全行为。人们普遍认为夜班应该是事故高发时间段，但统计结果表明，夜班瓦斯爆炸事故起数及死亡人数占比最低。

2.2.2 空间分布特征

（1）地域分布

2010—2020 年我国煤矿较大及以上瓦斯爆炸事故的起数和死亡人数区域分布情况如下：四川、贵州、黑龙江三省呈现“双高”（事故起数和死亡人数均高）的特点，云南、湖南、辽宁的事故起数高而死亡人数相对低，重庆、山西、吉林的事故起数低而死亡人数高。周福宝对中国不同省份不同瓦斯含量煤矿进行统计，2012 年 3 284 座高瓦斯矿井和煤与瓦斯突出矿井分布在 26 个主要产煤省份，主要位于西南和中东部地区，其中有 2 865 座矿井位于贵州、四川、湖南、山西、云南、江西、重庆、河南等，占总数的 87.2%。黑龙江属于“双高”省份，但该地区低瓦斯矿井数占比较高，说明随着开采深度及强度的增加，低瓦斯矿井发生瓦斯爆炸事故的概率随之增大。

(2) 场所分布

凡是容易形成瓦斯积聚的地方,都可能发生瓦斯事故。瓦斯爆炸发生地点主要包括采煤工作面、掘进工作面、巷道、硐室、采空区、盲巷、密闭场所等。根据2010—2020年125起较大及以上瓦斯爆炸事故案例筛选出可靠数据97组(部分事故案例未明确指出瓦斯爆炸场所),如图2.6所示。

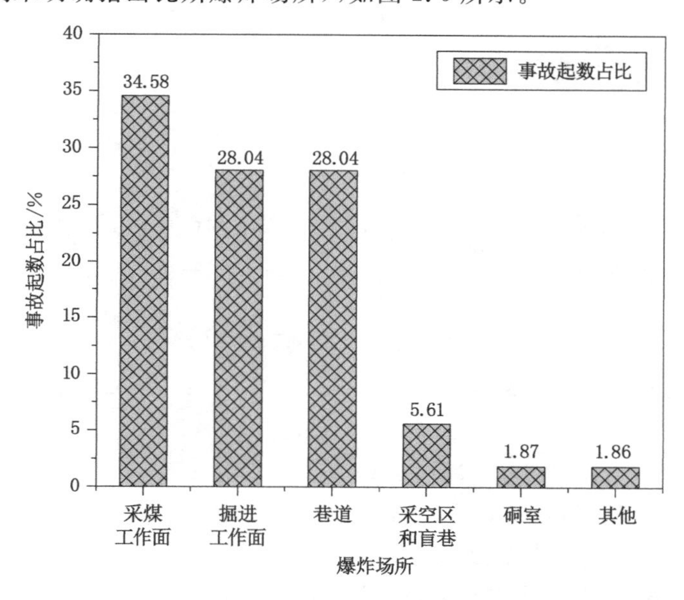

图2.6　2010—2020年煤矿较大及以上瓦斯爆炸事故发生的场所

采煤工作面、掘进工作面和巷道占比高达90.66%,是发生瓦斯爆炸的主要场所。采煤工作面和掘进工作面属于一线生产位置,瓦斯积聚主要由煤层瓦斯解吸量和供风两个因素决定,而巷道主要受供风影响。根据事故案例统计分析可知,通风系统混乱引发的瓦斯爆炸占比较高,因此,在矿井日常开采过程中,应保证关键场所通风系统稳定运行,一旦出现停风等情况,复工开采时必须采取应对措施,严格执行复工程序,不得随意复工,针对采煤工作场所及相应技术因素采取合理的管理措施。另外,采空区、盲巷、老空区等密闭空间,应做好防漏风措施,未检测瓦斯浓度不得随意进入密闭空间作业。

2.2.3　分形时序特性

时间序列是基于随机过程理论和数理统计方法,将同类数据按时间先后顺序排列,对时间序列数据选用重标极差分析法进行处理,以此研究随机数据内含的规律性。分形理论是非线性理论的重要组成部分,从时间序列数据中研究复杂系统的分形特征能够得到系统的内在规律和演化机制，可以描述瓦斯爆炸事故时间序列的非线性动力学特征，预测时间序列的演化趋势。分形时间序列的计算方法如下：

(1) 均值序列

对于每年度建立的时间序列物理量 $x(\tau)$，计算其均值序列 $\bar{x}(\tau)$。

$$\bar{x}(\tau)=\frac{1}{\tau}\sum_{m=1}^{\tau}x(m),\tau=1,2,\cdots,i \tag{2.1}$$

(2) 累积离差序列 $X(m,\tau)$

$$X(m,\tau)=\sum_{m=1}^{\tau}[x(m)-\bar{x}(\tau)] \tag{2.2}$$

(3) 极差序列 $R(\tau)$

$$R(\tau)=\max_{1\leqslant m\leqslant \tau}[X(m,\tau)]-\min_{1\leqslant m\leqslant \tau}[X(m,\tau)] \tag{2.3}$$

(4) 标准差序列 $S(\tau)$

$$S(\tau)=\left\{\frac{1}{\tau}\sum_{m=1}^{\tau}[x(m)-\bar{x}(\tau)]^2\right\}^{1/2} \tag{2.4}$$

(5) 重标极差 $R(\tau)/S(\tau)$

$$R(\tau)/S(\tau)<(\tau/2)^H \tag{2.5}$$

$$R(\tau)/S(\tau)=(C\tau)^H \tag{2.6}$$

式中 H——赫斯特指数，表示时间序列的相关程度；

C——某一待定常系数。

另外，将式(2.6)两边取对数，根据线性回归方法计算 H，得到式(2.7)：

$$\lg(R(\tau)/S(\tau))=H\lg(C\tau) \tag{2.7}$$

分形维数 D 是分形结构自相似特征的定量参数，是描述分形特征的最主要参量。时间序列的关联函数 $r(\tau)$ 如式(2.8)所示。

$$D=2-H \tag{2.8}$$

$$r(\tau)=2^{2H-1}-1 \tag{2.9}$$

当 $0<H<0.5$ 时，$r(\tau)<0$，时间序列具有反持久性，即持续负相关性，称为诺亚效应，表明未来发展趋势与以往呈相反状态，当 H 趋于 0，时间序列的负相关持久性越强；当 $H=0.5$ 时，$r(\tau)=0$，表明从时间序列分析，未来与过去发展趋势毫不相关，时间序列呈现出一个独立的、无相关关系的随机过程；当 $0.5<H<1$ 时，$r(\tau)>0$，时间序列具有正持久性，即持续正相关性，称为记忆效应，表明未来发展趋势与以往呈相似状态，总体趋势一致。当 H 趋于 1，时间序列的正相关持久性越强。

运用赫斯特提出的分形时间序列(R/S)分析方法，对我国 2010—2020 年煤矿较大及以上瓦斯爆炸事故的起数和死亡人数进行分析，如表2.1和表2.2所列。

表2.1 我国2010—2020年煤矿较大及以上瓦斯爆炸事故起数的 *R/S* 分析

年份	事故起数/起	τ	$x(\tau)$	$\bar{x}(\tau)$	$X(m,\tau)$	$R(\tau)$	$S(\tau)$	$R(\tau)/S(\tau)$
2010	19	1	19	19.000 0	0.000 0	0.000 0	0.000 0	
2011	22	2	22	20.500 0	1.500 0	1.500 0	1.060 7	1.414 2
2012	14	3	14	18.333 3	−2.833 3	4.333 3	2.647 5	1.636 8
2013	15	4	15	17.500 0	−5.333 3	6.833 3	2.611 4	2.616 7
2014	11	5	11	16.200 0	−10.533 3	12.033 3	3.296 0	3.650 9
2015	6	6	6	14.500 0	−19.033 3	20.533 3	4.592 9	4.470 7
2016	15	7	15	14.571 4	−18.604 8	20.533 3	4.255 3	4.825 3
2017	10	8	10	14.000 0	−22.604 8	24.104 8	4.224 2	5.706 4
2018	7	9	7	13.222 2	−28.827 0	30.327 0	4.490 3	6.753 9
2019	5	10	5	12.400 0	−36.227 0	37.727 0	4.860 3	7.762 3
2020	1	11	1	10.600 0	−46.826 9	44.177 3	5.904 1	7.482 5

表2.2 我国2010—2020年煤矿较大及以上瓦斯爆炸事故死亡人数的 *R/S* 分析

年份	死亡人数/人	τ	$x(\tau)$	$\bar{x}(\tau)$	$X(m,\tau)$	$R(\tau)$	$S(\tau)$	$R(\tau)/S(\tau)$
2010	145	1	145	145.000 0	0.000 0	0.000 0	0.000 0	
2011	159	2	159	152.000 0	7.000 0	7.000 0	4.949 7	1.414 2
2012	156	3	156	153.333 3	9.666 7	9.666 7	4.324 8	2.235 2
2013	179	4	179	159.750 0	28.916 7	28.916 7	10.328 0	2.799 8
2014	82	5	82	144.200 0	−33.283 3	62.200 0	29.310 5	2.122 1
2015	35	6	35	126.000 0	−124.283 3	153.200 0	45.783 0	3.346 2
2016	189	7	189	135.000 0	−70.283 3	153.200 0	47.044 8	3.256 5
2017	74	8	74	127.375 0	−123.658 3	153.200 0	47.881 9	3.199 5
2018	31	9	31	116.666 7	−209.325 0	238.241 7	53.416 8	4.460 1
2019	38	10	38	108.800 0	−280.125 0	309.041 7	55.401 1	5.578 3
2020	4	11	4	94.700 0	−370.825 0	337.541 7	62.385 3	5.410 6

对我国2010—2020年煤矿较大及以上瓦斯爆炸事故的起数进行 *R/S* 分析，在双对数坐标上进行线性拟合，拟合结果如图2.7(a)所示，得到 $H=1.114\ 1$，$D=0.885\ 9$。

同样，将我国 2010—2020 年煤矿较大及以上瓦斯爆炸事故的死亡人数进行 R/S 分析，拟合结果如图 2.7(b)所示，得到 $H=0.699\ 1>0.5$，$D=1.300\ 9>1$，关联函数 $r(\tau)=0.317\ 9>0$。

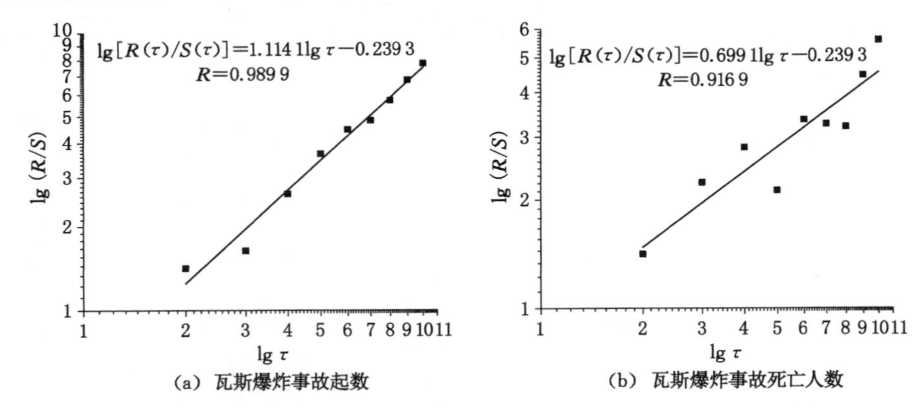

图 2.7　我国 2010—2020 年煤矿较大及以上瓦斯爆炸事故 R/S 分析

由图 2.7 可知，瓦斯爆炸事故死亡人数时间序列存在分形特性，时间序列具有持续正相关性，表明未来瓦斯爆炸事故死亡人数的总体发展趋势与以往的趋势具有相似性。分形维数 $D>1$，说明煤矿瓦斯动力系统的复杂性。瓦斯动力系统是由人、机械设备与自然耦合的时空动态复杂系统，煤层开采过程中伴随着瓦斯气体的产生，气体的有效利用可将其转换为能源，但气体浓度的控制不当将导致各种灾害事故的发生。由于井下工作环境的半封闭特性，瓦斯气体浓度的控制对于预防中毒窒息、瓦斯爆炸等灾害事故的发生起到关键作用。

通过对瓦斯爆炸事故起数及死亡人数进行 R/S 分析，发现瓦斯爆炸事故的发生将持续呈现波动下降趋势。瓦斯爆炸曾几乎成为煤矿事故的代名词，但随着近年来国家、行业、企业的共同努力，瓦斯爆炸事故整体呈现“稳中求好”的态势。2021 年初全国有 840 处高瓦斯、719 处煤与瓦斯突出煤矿，随着开采深度不断增加，部分煤矿由低瓦斯向高突矿井演变。瓦斯爆炸事故虽无法完全杜绝，但只要继续强化瓦斯超前治理，推进瓦斯“零超限”目标管理，开展瓦斯专项监管监察，督促企业落实主体责任，就能减少瓦斯爆炸事故发生，促进煤矿安全生产。

2.2.4　爆炸条件统计特征

按瓦斯积聚原因和火源将 2010—2020 年发生的 125 起较大及以上瓦斯爆炸事故案例进行筛选分析，分别获得 106 组和 99 组可靠数据(部分事故案例未明确指明瓦斯积聚及火源产生的原因)。由图 2.8(a)可知，风量不足(包括无风和微风作业)导致的瓦斯积聚占比最高，其次是通风混乱、通风机故障、采空区和盲巷，共占事故总数的84.91％。

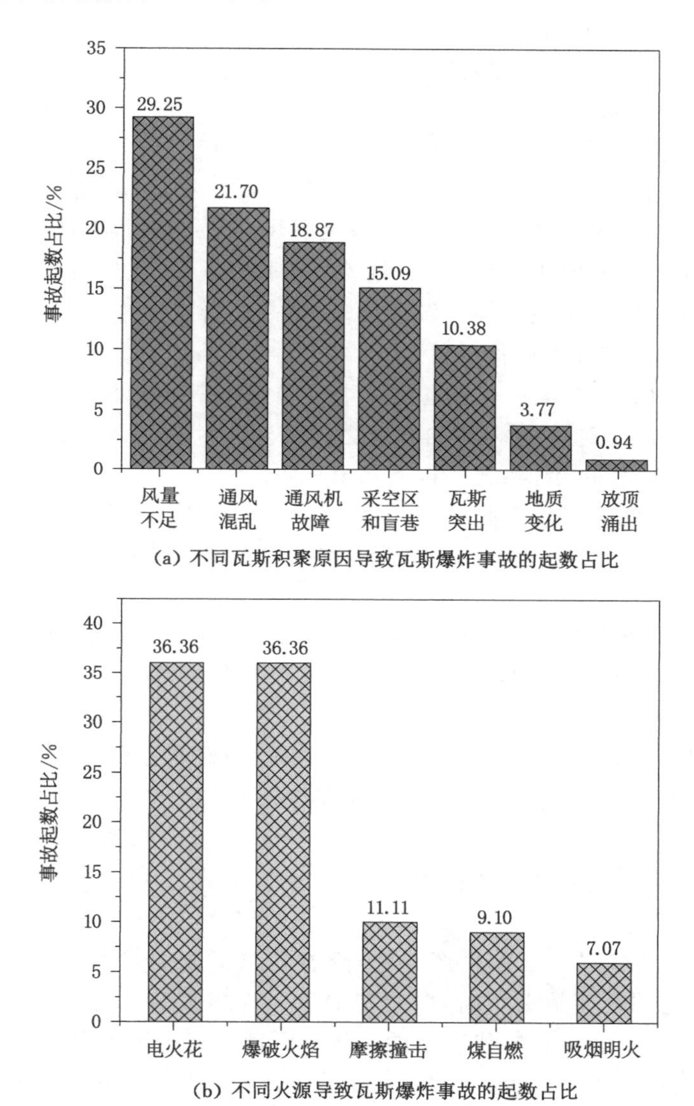

(a) 不同瓦斯积聚原因导致瓦斯爆炸事故的起数占比

(b) 不同火源导致瓦斯爆炸事故的起数占比

图 2.8　煤矿瓦斯积聚和火源特征分析

《煤矿安全规程》规定，采掘工作面及其他巷道内，体积大于0.5 m^3的空间内瓦斯浓度达到2％时即构成局部瓦斯积聚，防止瓦斯积聚最高效的方式为有效通风。煤矿井下开采过程中，煤层涌出的瓦斯被新鲜的风流稀释、带走，当供风不足或风机停运时，部分场所瓦斯浓度将会迅速升高，导致局部瓦斯积聚。瓦斯积聚的主要原因包括：

(1) 风量不足，无风或微风作业。局部通风机随意停开；不按需要配风；巷道垮落堵塞，风流短路；风筒破口、脱节、被压，处理不及时；风筒口距掘进工作面太远，使风量过小、风速低，导致掘进工作面微风作业。

(2) 矿井通风系统混乱。管理不善形成串联风、扩散风、循环风等；采空区和盲巷不及时处理和封闭；超层越界开采无通风系统；停采煤矿无风偷采。

(3) 瓦斯检查制度执行不严。瓦斯检查工数量不足，空班漏检；瓦斯检查工业务素质不高，责任心不强，甚至做假记录；矿井瓦斯监测监控系统安装不合理或检修不及时，不能发挥其作用。

由图2.8(b)可知，电火花和爆破火焰是引爆瓦斯的主要点火源，共占事故总数的72.72%。摩擦撞击和煤自燃次之，两个占比基本持平，吸烟明火占比最少。点火源产生的主要原因包括以下几个方面：

(1) 违章爆破。爆破作业时未执行“一炮三检”制度，炮眼不装或少装炮泥，甚至用煤粉等可燃物替代；最小抵抗线不够或用多母线爆破、裸露母线爆破或放连珠炮等。

(2) 电气火花及机械设备摩擦火花。如井下照明和机械设备的电源、电气装置不符合规定，疏于管理，电气设备失爆或带电作业产生火花，以及机械设备摩擦等产生火花。

(3) 采空区和旧巷不及时封闭，遗煤自然发火；密闭管理不严，火区复燃；胶带着火以及井下吸烟、违章进行电焊和火焊等。

2.3 瓦斯爆炸事故致因分析

从近代资本主义工业化生产开始，随着各类事故的发生、发展，各学者对事故致因理论的研究从未间断，由最初的单因素事故致因理论发展到现代的系统安全理论。其中，具有代表性的事故致因理论有人因失误理论、事故因果连锁理论、能量意外释放理论、动态与变化的事故致因理论和信息流事故致因理论。

2.3.1 瓦斯爆炸事故微观致因

从煤矿生产系统的微观层次考虑，瓦斯爆炸事故的发生必须同时具备三个基本条件：一是瓦斯浓度在爆炸界限内，一般为5%～16%，其中7%～8%时最容易引燃，爆炸感应期会随着瓦斯浓度的增加而缩短，当浓度低于5%时，遇到火源不发生爆炸但能在火焰外围形成燃烧层；当浓度为9.5%时，瓦斯和氧气完全反应，爆炸威力最大；当浓度在16%以上时，失去爆炸性，但在空气中遇到火源仍会燃烧。然而，瓦斯爆炸极限不是恒定的，受到初始温度、初始压力、惰性介质、点火能量、环境空间大小等因素影响。二是空气中氧含量高于12%。三是有足够能量的点火源，一般为650～750 ℃（该范围还受瓦斯浓度、火源性质、混合气体压力、环境温度和湿度等因素影响）；能量大于0.28 mJ；持续时间大于瓦斯爆炸感应期。通常情况下，井下除盲巷之外的场所，氧气浓度均达到20%，因此，预防瓦斯爆炸事故的发生必须从瓦斯浓度和点火源两方面进行管控，只要一个条件不满足，瓦斯爆炸事故就得以控制。

凡是容易形成瓦斯积聚的地方，都可能发生瓦斯事故。瓦斯爆炸发生地点主要包括采煤工作面、掘进工作面、巷道、硐室、采空区、盲巷、密闭场所等。统计结果表明，采煤工作面、掘进工作面和巷道是引发瓦斯爆炸的主要场所；风量不足（包括无风和微风作业）导致的瓦斯积聚占比最高，其次是通风系统混乱、通风机故障、采空区和盲巷；电火花和爆破火焰是引爆瓦斯的主要点火源，但在调查过程中，发现携带烟火入井、抽烟的现象仍然存在，说明部分煤矿安全培训流于形式，下井工人缺乏基本的安全常识，安全意识淡薄。通过分析瓦斯爆炸事故案例，从瓦斯积聚和引爆火源两个方面对瓦斯爆炸事故发生的直接致因因素进行分析，瓦斯积聚主要是由供风不足、通风不良、瓦斯突出、地质变化、采空区和盲巷、放顶涌出、风筒漏风、瓦斯监测装置失灵、瓦斯检查工漏检、监测装置位置不当、违章排放瓦斯等方面造成的，引爆火源主要包括明火（违章吸烟、违章在井下焊接）、爆破火焰、电火花（供电线路老化、漏电）、撞击火花、摩擦火花、煤自燃等，具体致因路径如图2.9所示。

2.3.2 瓦斯爆炸事故中观致因

从煤矿生产系统的微观层次考虑，瓦斯爆炸事故的发生是瓦斯浓度超限和点火源这两个致灾因素的耦合作用的结果，但引起矿井瓦斯爆炸的火源和瓦斯积聚均存在人为因素的影响，人的不安全行为及管理上混乱是导致瓦斯积聚和火源出现的主要原因。因此，从煤矿生产系统的中观层次考虑，2010—2020年全国煤矿发生的125起较大及以上瓦斯爆炸事故中，由人的不安全行为导致的事故占比36.5%，由管理决策失误导致的事故占比34.1%，由机械设备的不安全状态导致的事故占比22.2%（机械设备的不安全状态多是管理缺陷和人的不安全行为造成的），由环境的不安全因素导致的事故共占比7.2%。

（1）人的不安全行为

人的不安全行为是导致瓦斯爆炸事故发生的主要原因。人具有主观能动性，在煤矿生产系统中占据主要地位，对事故的发生和发展起着至关重要的作用。基于人为失误和组织管理理论将瓦斯矿井导致瓦斯爆炸的不安全行为划分

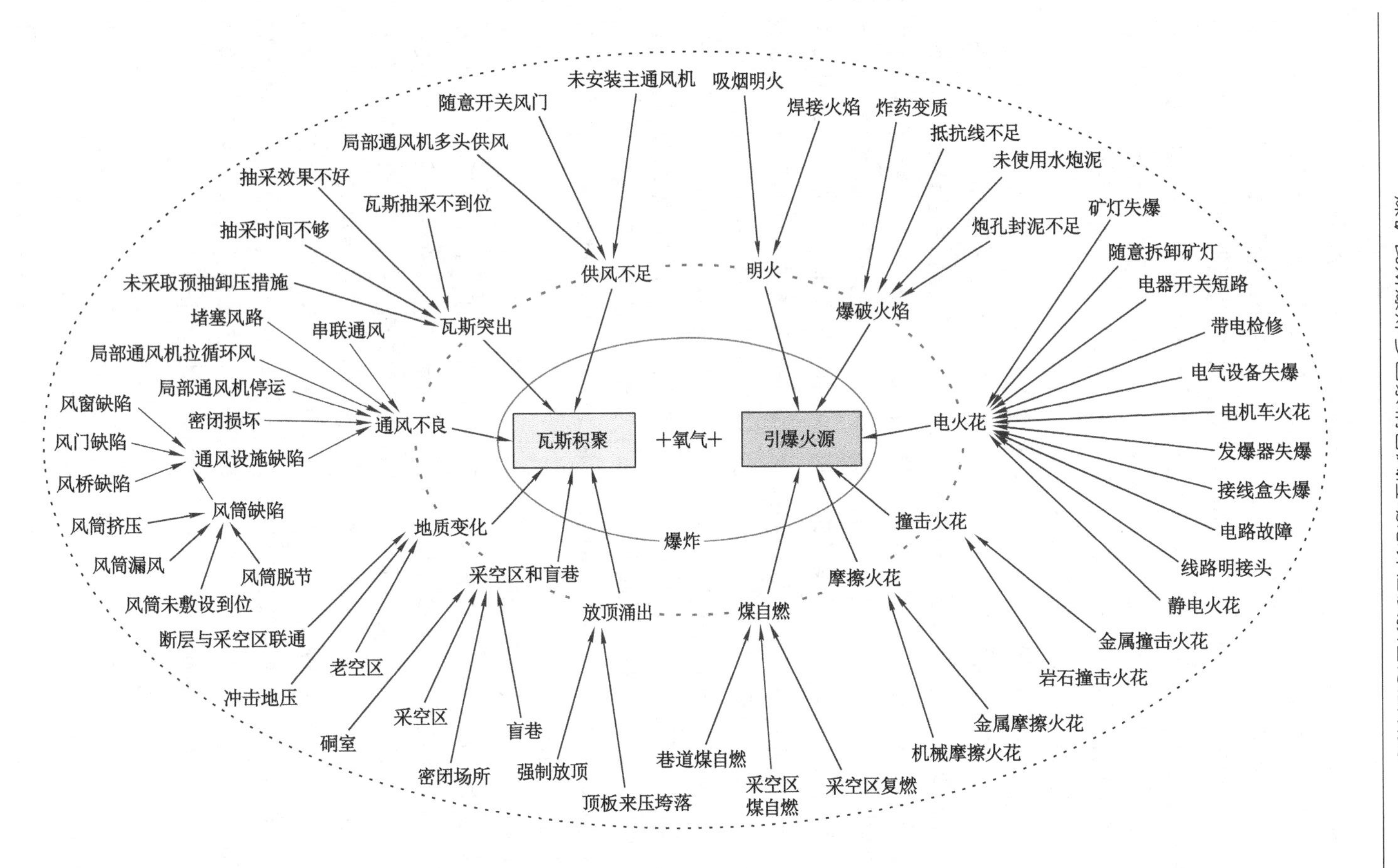

图2.9 煤矿瓦斯爆炸事故微观致因图

为技能型不安全行为、决策型不安全行为、认知型不安全行为和违规型不安全行为四类。技能型不安全行为主要是指技术不熟练,未按照正确操作流程或相关规定进行设备运行或其他作业;决策型不安全行为主要是指管理人员决策失误、指挥不当等行为;认知型不安全行为主要是指人员因储备知识不足或有限,遇到未涉及的情况误操作或处理不当等行为;违规型不安全行为主要指违反操作规程、违反劳动纪律等行为。其中,违规型不安全行为出现频率较高,例如违章爆破、串联通风、随意拆卸矿灯、违章焊接、未按规定排放瓦斯、随意开关风门、带电检修、未检查瓦斯浓度、违章操作电气、停风作业、误接爆破母线、抽烟等。

认知心理学研究表明,人的行为是由心理因素主导的,瓦斯爆炸事故的发生大多是人的侥幸心理、冒险心理、麻痹心理、从众心理和捷径心理产生的不安全行为而导致的。随着科技的发展,社会的进步,人们对安全工作越来越重视,生产设备的自动化程度、可靠性与安全性逐步提高,井下环境也在不断改善,人作为生产系统的主导因素,其行为的产生受到多方面因素的影响,从行为产生的机理考虑,主要与人的心理活动、工作经验、情绪波动、生理素质、安全意识、专业技能等方面息息相关。

(2) 物的不安全状态

基于轨迹交叉事故致因理论与能量意外释放理论,人的不安全行为和物的不安全状态在某一时空发生交叉就会造成事故,物的不安全状态是引发事故的能量基础。监测装置覆盖率、传感器的可靠性、生产设备合格率、通风系统的稳定性、电气设备失爆率等因素对瓦斯爆炸事故的发生产生直接或间接影响。通过大量事故案例分析,从瓦斯爆炸事故发生的必要条件来看,风桥或密闭漏风、风流短路、风路堵塞、风筒漏风、风机故障、停电、主通风机能力不足等原因造成瓦斯积聚;电路故障、供电线路老化、隔爆装置失灵、电气设备失爆、矿灯失爆等原因出现火源。井下采煤工作涉及的机械设备较多,包括采煤机、掘进机、输送机、液压支架、通风设备等,设备自动化的同时风险也在增加。机械设备在设计、使用、维修、保养阶段,任一阶段的失误都有可能导致事故的发生。通过瓦斯爆炸事故案例分析,机械设备老化、安全装置失效、维修保养不及时、不符合生产技术要求、电气设备失爆等原因均会造成瓦斯爆炸事故的发生。

(3) 环境的不安全因素

煤矿环境主要包括自然环境和工作环境。我国煤炭虽然储量大,但采煤的条件相对较差。煤层埋藏深,随着开采深度的增大,瓦斯涌出量及压力等风险因素增加。另外,煤层自然发火期、瓦斯体积分数、平均瓦斯涌出量、瓦斯含量、瓦斯抽采合格率、煤尘爆炸指数等风险因素对瓦斯爆炸事故的发生产生显著影响。据统计,部分瓦斯爆炸事故是因出现瓦斯异常涌出、地质构造变化、采空区漏风、煤层自然发火等情况而未及时采取有效的技术管理措施导致的。

煤矿井下作业环境复杂多变，地质构造、基本顶垮落、周期来压、瓦斯异常涌出、煤与瓦斯突出、放顶等原因导致瓦斯浓度突增，是引起瓦斯爆炸事故发生的关键信息。瓦斯浓度的实时监测与报告是预防瓦斯爆炸事故发生的重要举措。另外，井下工作空间狭小、视线受限，空气湿度、温度等变化不一，多数矿井存在温度高、湿度大的危害；机械设备众多，噪声、煤尘、有毒有害气体等直接影响矿工的正常作业。在特殊的环境中，要想保证生产安全，必须坚持以人为本，尽可能营造舒适的工作环境。井下半封闭空间，工作环境恶劣及复杂多变的固有风险属性是引起瓦斯爆炸事故发生的潜在危险因素。

（4）管理缺陷

安全管理是指管理者为保证生产安全而对安全生产工作进行的一系列计划、组织、实施、指挥、协调和控制的活动，其主要目的是保护员工的身心健康和财产损失，维护煤矿的和谐稳定和可持续发展。安全管理工作的有序展开，是对工作人员、机械设备、环境改善的统筹，从根本上控制事故的发生。研究表明，通风系统管理混乱、现场管理混乱、技术管理混乱、安全培训不到位、组织机构不健全、安全人员配备不齐、不服从监管指令、隐瞒生产实情、安全管理制度不完善、安全生产责任制不落实等一系列管理缺失是导致瓦斯爆炸事故发生的根本原因。

综上分析，管理缺陷会导致人的不安全行为、物的不安全状态以及环境的不安全因素；人的不安全行为会导致物的不安全状态与环境的不安全因素；物的不安全状态和环境的不安全因素通过中介效应同样也会影响人的行为。正是由于各因素之间的因果关系，才导致瓦斯动力系统的动态复杂性以及事故发生的随机偶然性。通过大量事故案例研究表明，一起瓦斯爆炸的发生多是由于异质因素之间的因果关系相互作用的结果。海因里希因果连锁论中明确指出，事故的发生是一系列因素互为因果、共同作用、相继发生的结果。瓦斯爆炸事故发生过程中人、机、环境、管理之间的因果关系如图 2.10 所示。

2.3.3　瓦斯爆炸事故宏观致因

近年来，煤炭行业技术创新体系不断健全完善，科技创新驱动发展的能力显著增强。随着煤矿采掘机械化程度的不断提升及工艺技术的革新，政府监管、社会监督、企业管理的强化，全国矿山安全生产形势总体稳定，2018 年我国煤矿实现事故总量、较大事故、重特大事故和百万吨死亡率“四个下降”，其中煤矿百万吨死亡率为 0.093，首次降至 0.1 以下，达到世界产煤中等发达国家水平。2022 年，全国矿山安全生产形势总体稳定，共发生事故 367 起、死亡 518 人，同比分别下降 3.4％和 2.4％。其中，重大事故死亡人数同比下降 12.3％，煤矿瓦

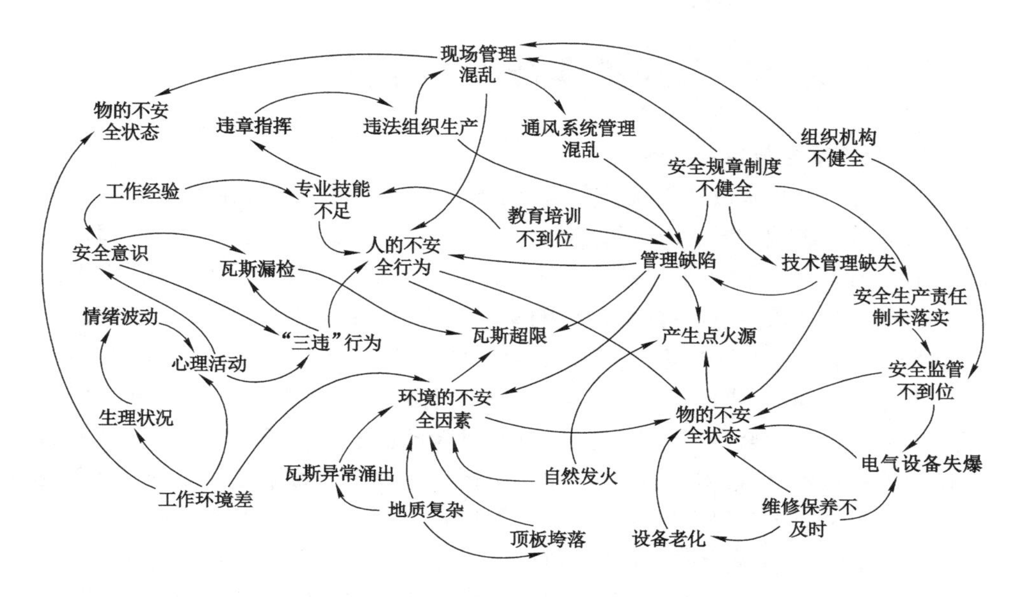

图 2.10 瓦斯爆炸事故中观致因图

斯事故起数、死亡人数均同比下降 44%。因此,政府、社会等外在环境的改变对煤矿企业的生产安全发挥一定作用,政府强化监管,社会加强监督,从宏观层面上进行把控,在一定程度上能够减少煤矿瓦斯爆炸事故的发生。

目前,在国家政策驱动下,煤矿安全生产法律法规标准体系不断完善,煤矿安全生产责任制体系不断健全,安全科技装备水平大幅提升,安全生产投入大幅增加,煤矿职工安全培训不断强化,深入推进煤矿安全生产违法违规行为专项整治行动、煤矿安全生产专项整治三年行动等,促进了煤矿安全生产形势持续稳定好转。

通过现场调研及大量事故案例分析讨论,随着国家、社会以及行业对安全工作的重视,煤矿企业双重预防体系的建立、标准化达标、安全文化建设等一系列工作的展开,煤矿安全工作取得一定成效,相较以往而言有了很大的提升,但工作中依然存在薄弱环节:煤矿企业主体责任落实不到位、管理层及一线矿工安全风险意识淡薄、现场安全管理混乱、违法违规行为屡禁不止和屡罚不改、监管监察效能有待提高。社会全民安全意识的提升以及对安全的重视程度是进一步推进安全生产的主要手段,对瓦斯爆炸事故的预防发挥重要作用,然而全民安全意识的提升需要日积月累的培养与教化,是一个长期的工作。

2.4 瓦斯爆炸多因素耦合风险分析

2.4.1 风险耦合与耦合风险

通过瓦斯爆炸事故致因统计分析，明确瓦斯爆炸事故的发生是由于各层级风险因素相互影响、共同作用的结果。当某一风险因素发生扰动时，会关联、促使其他的因素发生扰动，起到推动、促进某些因素的发生与发展的作用，进而发生多因素耦合现象，耦合风险共同影响事故发生。因此，对于瓦斯爆炸事故风险因素的分析不局限于单因素的分析，需要结合实际情况进行多因素耦合风险分析。

耦合在物理学、协同学、灾害学等学科中的定义各不相同。在风险管理领域，“风险耦合”和“耦合风险”的概念不同，风险耦合主要是指风险因素之间的相互作用关系，是一种过程，用耦合度作为风险因素之间关联程度的表征；耦合风险主要指 2 个或 2 个以上风险因素相互影响、共同作用导致风险等级提高或事故发生的现象，是一种状态，用耦合风险值或等级作为状态的表征。

各风险因素之间既有简单的“物理”融合现象，又有复杂的“化学”反应变化，即导致风险等级增大或产生新的风险。煤矿瓦斯动力系统是由人、机、环境和管理构成的复杂适应系统，系统运行过程中各风险因素相互影响、共同作用会形成局部耦合风险，从而增加系统风险强度或产生新的风险，当耦合风险达到系统可接受风险阈值时，即使系统中各个风险因素的线性相加未能突破可接受的风险阈值，也会导致事故的发生，这就是风险演化过程中的耦合效应。

2.4.2 风险耦合致因模型构建

煤矿瓦斯爆炸事故的发生往往是由于在隐患排查治理过程中忽视了多因素耦合作用，导致耦合风险值突破系统阈值，因此，明确把握耦合风险等级是预防瓦斯爆炸事故发生的关键。目前，对于系统风险等级的评估多采用单因素风险值计算方法进行等级划分，然而在系统运行过程中，由于风险因素之间的耦合作用使得系统风险值发生改变，偏离人们对风险的预估，造成事故发生。瓦斯爆炸耦合风险取决于系统中各风险因素的存在方式和耦合程度，实时监测瓦斯爆炸演化过程中的耦合风险，对于瓦斯爆炸事故的超前管控具有重要意义。

耦合风险是各类风险因素在系统中发生耦合作用导致系统风险水平发生改变，一方面可能导致瓦斯爆炸事故风险加大，也可能由于某一因素的影响或状态的改变造成事故风险减小，另一方面，虽然系统中各类因素发生耦合作用，系统内部风险耦合机制发生变化，但系统风险水平未发生改变。根据耦合作用造成的风险的作用方向，把瓦斯爆炸事故的风险耦合划分为正耦合、负耦合和零耦合。瓦斯爆炸事故风险耦合致因模型如图 2.11 所示，通过研究系统各类因素的耦合作用方向，进一步明确瓦斯爆炸耦合风险的变化情况，及时采取相应的风险管控措施进行干预阻断，避免瓦斯爆炸事故发生。

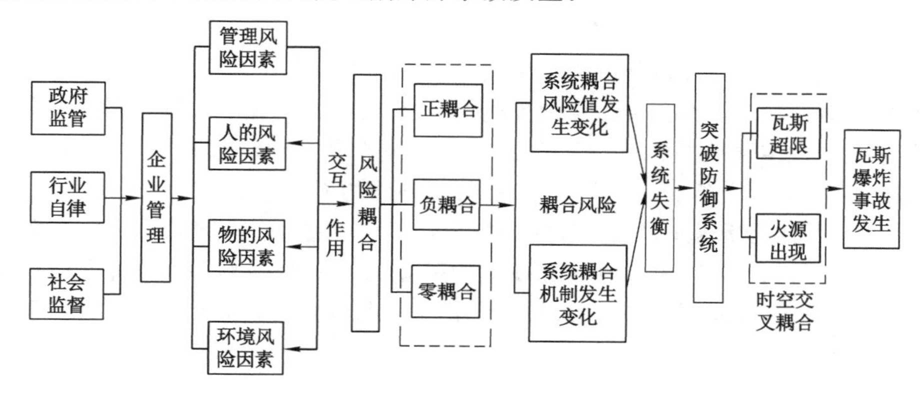

图 2.11　瓦斯爆炸事故风险耦合致因模型

2.5　本章小结

本章采用数学统计方法对我国 2010—2020 年煤矿发生的 125 起较大及以上瓦斯爆炸事故的发生发展规律进行多维度统计分析，包括等级特征、时空规律、分形时序特性、爆炸条件及致因。主要得出以下结论：

(1) 2010—2020 年全国煤矿共发生较大及以上瓦斯爆炸事故 125 起，死亡 1 092 人；相较前十年，煤矿安全生产形势大幅好转，瓦斯爆炸事故起数及死亡人数呈现波动下降趋势，且特别重大瓦斯爆炸事故起数显著降低。另外，这十年较大瓦斯爆炸事故发生起数最多，占比高达 72.00%，但重大瓦斯爆炸事故造成的死亡人数最多，占比达到 43.68%。

(2) 从瓦斯爆炸事故发生场所分析，采煤工作面、掘进工作面和巷道占比高达 90.66%，是瓦斯爆炸发生的主要场所。采掘工作面引起事故的矿井，均存在超层越界开采、已关或限改煤矿私自开采、巷道式采煤法等违法行为。巷道引起瓦斯积聚原因主要为通风机故障，可通过提高通风机设备管理效率来减少巷道瓦斯爆炸事故的发生。

(3) 从瓦斯爆炸事故发生省域分析，四川、贵州、黑龙江三省瓦斯事故起数和死亡人数呈现“双高”的特点，黑龙江低瓦斯矿井发生瓦斯事故的占比最高，结合事故统计分析结果，与高瓦斯、瓦斯突出矿井发生瓦斯事故的原因一致，都是对瓦斯治理重视不够而引起的瓦斯爆炸。

(4) 瓦斯爆炸事故时间序列符合分式布朗运动，具有明显的分形特征，由于

赫斯特指数 H 大于 0.5 且接近 1，说明瓦斯爆炸事故未来演变趋势与过去发展趋势呈相似状态，且具有较强的正持久性，即总体形势呈现稳中向好，演化趋势呈现波动下降的趋势。

（5）基于事故致因理论，从微观、中观和宏观层次对瓦斯爆炸事故致因进行分析，微观层次主要是指导致事故发生的直接原因，包括瓦斯浓度超限和引爆火源；中观层次主要从人的不安全行为、物的不安全状态、环境的不安全因素和管理失误四个方面分析；宏观层次主要指外部环境的影响。

（6）通过瓦斯爆炸多层次致因分析，结合风险耦合理论，将耦合风险和风险耦合的概念进行界定，并构建了瓦斯爆炸风险耦合致因模型，明确了瓦斯爆炸事故的发生是风险因素耦合作用致使系统耦合机制或耦合风险水平超过其可承受阈值导致的。

3 煤矿瓦斯爆炸前兆信息知识库构建及特征分析

煤矿瓦斯动力系统具有复杂多变性,瓦斯爆炸事故演化过程中具有随机性、隐蔽性、模糊性和不确定性,因此,构建客观合理的瓦斯爆炸前兆信息知识库对事故的演化及预防具有重要意义。本章在瓦斯爆炸事故统计规律及致因分析的基础上,运用扎根理论并结合相关法律法规、标准规范,明确瓦斯爆炸事故发生的前兆信息,为后续瓦斯爆炸风险演化路径的研究提供基础信息。

3.1 瓦斯爆炸前兆信息知识库构建依据

3.1.1 相关概念界定

(1) 前兆信息概念界定

从事故的角度分析,前兆信息主要指事故发生之前的征兆信息,包括风险信息、隐患信息等非正常状态的信息。研究表明,安全信息认知损失是导致事故发生的主要原因。前兆信息可以从实时角度衡量安全风险,在事故发生之前认识到前兆信息能够为提高安全绩效和避免事故提供一种可能性,通过识别前兆信息预测和预防事故并不是一个新的概念,在许多领域已经开展了相关研究并应用到实践中。目前,对于前兆信息的研究尚无统一的概念界定,各机构学者在研究过程中分别从不同的角度对前兆信息进行定义。

美国国家工程院(NAE)对前兆做出了一个比较广义的定义:在事故之前并且导致事故发生的状态、事件或序列。美国国家航空航天局(NASA)在事故前兆分析手册中将前兆信息定义为不正常事件或状态,这些事件或状态的持续发展可能会导致事故的发生。Skogdalen 等[162]认为前兆是一个或一系列事件,系统通过控制这些事件来保证运行安全;Kyriakidis 等[163]在对城市轨道交通系统的安全研究中给事故前兆的定义是:前兆是一个能够增加事故发生概率的事件或者状态,这些事件或状态可能导致人员伤亡和财产损失;Yang 等[164]认为事故前兆是一个严重程度适中的事件,其严重程度位于重大事故和轻微故障之间,并且在系统的运行期间出现次数比较频繁,该定义对事故前兆的风险性做了全面的阐释;Bier 等[165]认为前兆信息是介于实际事故和日常发生的各种次要失误之间的中间严重程度事件,如系统的不安全状态;Grabowski 等[166]认为凡是可能导致事故发生的条件、细微事故均为前兆信息,在事故发生前识别出前兆信息对提高系统安全性具有巨大的作用。

根据国内外各学者对前兆信息的研究,本书将前兆信息的概念界定为已经存在的可能导致事故发生的事件或状态,包括人的不安全行为、物的不安全状态、环境的不安全因素以及管理失误。前兆信息既涵盖风险因素,又包括隐患信息,从双重预防的角度,风险分级管控、隐患排查治理对于瓦斯爆炸事故的有效预防可发挥重要作用。因此,有效识别并深入分析瓦斯爆炸事故的前兆信息对于预防瓦斯爆炸事故的发生起到重要作用,为后续瓦斯爆炸事故演化模型的构建与耦合风险度量提供了理论支撑。

(2) 前兆信息知识库概念界定

知识库(knowledge base)是用于知识管理的一种特殊的数据库,以便于有关领域知识的采集、整理以及提取。煤矿瓦斯爆炸前兆信息的知识获取是通过以往事故案例分析、专家经验讨论和相关法律法规、标准规范中相关信息提取得来,该知识库集合瓦斯爆炸事故相关风险因素的所有内容,包括国家及行业相关规定和标准、专家技术人员的经验知识、事实数据等,形成服务于煤矿员工和管理人员的工作数据库。由于井下矿工的文化程度及受教育水平不一,在生产过程中,不同的人对同一事物的理解及描述存在差异,为了便于风险信息的识别与管控,通过构建语义一致的知识库,为后续现场检查及态势推演的高效进行提供信息数据支撑,最终以实现信息可共享、可重用、可扩展、可推理为目标。

根据知识库的概念及功能特性,结合前兆信息的概念界定,本书将前兆信息知识库界定为:识别并提取一切可能导致煤矿瓦斯爆炸事故发生的征兆信息,按照一定的分类规则及建立原则,将前兆信息进行类别化、知识化、系统化处理,构建知识型数据库,实现知识表示、知识管理、知识共享和知识重用的功能。

3.1.2 前兆信息知识库构建方法

根据前兆信息的概念及知识库的功能,构建瓦斯爆炸事故前兆信息知识库有助于风险信息语义的统一，便于现场安全检查与记录，能够保证风险管控工作的顺利开展。作为研究瓦斯爆炸耦合风险的基础信息库，要遵从客观性、实用性、系统性及层次性的原则，从前兆信息不同的隶属关系和相互作用方面入手，结合煤矿安全系统及瓦斯动力系统的结构和功能，建立健全瓦斯爆炸事故的前兆信息知识库。

前兆信息知识库构建方法如下：

(1) 基于瓦斯爆炸事故致因分析。根据事故致因理论，结合现场调研与事故调查报告分析，从宏观、中观和微观层次对瓦斯爆炸事故的致因进行了初步研究，明确瓦斯爆炸事故发生的偶然性与随机性。从双重预防体系构建的原则出发，结合前兆信息的基本概念，运用扎根理论将导致瓦斯爆炸事故发生的前兆信息进行归纳、分类提取。

(2) 运用扎根理论对大量瓦斯爆炸事故案例进行归纳提取。扎根理论是由哥伦比亚大学的 Anselm Strauss 和 Barney Glaser 从系统化程序的角度提出的质性研究方法，是一种自下而上的，以经验证据为支撑，从原始资料中抽象提取新的概念和思想的方法[167]。本书运用扎根理论，选取 2010—2020 年我国煤矿发生的 125 起较大及以上瓦斯爆炸事故案例进行质性分析，通过开放式编码、主轴式编码、选择式编码及理论饱和度检验，对煤矿瓦斯爆炸事故的前兆信息进行分类提取。

(3) 结合法律法规、标准规范中关于瓦斯、通风、火源等可能导致瓦斯爆炸事故发生的风险因素的相关规定进行补充完善。涉及《中华人民共和国安全生产法》《中华人民共和国矿山安全法》《中华人民共和国煤炭法》《国务院关于预防煤矿生产安全事故的特别规定》《煤矿安全规程》《煤矿安全监控系统及检测仪器使用管理规范》(AQ 1029—2019)等法律法规、标准规范。

综上分析，基于瓦斯爆炸事故致因分析，运用扎根理论，通过大量事故案例对瓦斯爆炸事故的前兆信息进行分类提取，结合专家访谈构建瓦斯爆炸事故前兆信息体系。另外，根据煤炭行业法律法规、标准规范中关于瓦斯、通风、火源的相关规定，从前兆信息、相关规定、依据三个方面构建煤矿瓦斯爆炸前兆信息知识库。由于各集团公司及煤矿企业均有不同的安全生产管理办法及相关规定，因此，现场应用时需根据煤矿企业的实际情况，将前兆信息知识库进一步补充完善。

煤矿瓦斯爆炸前兆信息知识库构建方法及思路如图 3.1 所示。

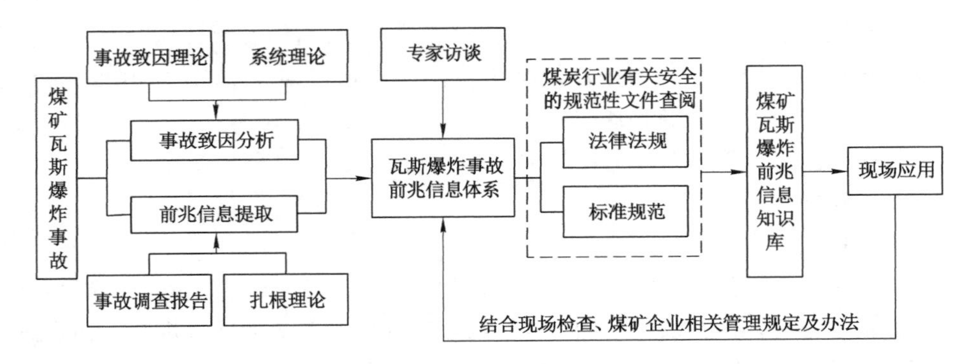

图 3.1 煤矿瓦斯爆炸前兆信息知识库构建方法及思路

3.2 瓦斯爆炸前兆信息知识库构建

3.2.1 基于扎根理论的前兆信息提取

(1) 开放式编码

开放式编码(open coding)是进行扎根分析的第一步,首先确定所要研究的对象,通过对原始资料进行逐字逐句分析,提取原始资料中的关键语句,形成自由节点,并从安全管理的专业角度对自由节点进行概念化和范畴化的编码。开放式编码是对原始资料的初步整理,本书根据开放式编码原则,对 90 起瓦斯爆炸事故调查报告中的致灾原因进行关键语句提取(2010—2020 年全国煤矿发生的 125 起较大及以上瓦斯爆炸事故中,部分事故无详细的调查报告,因此选取 100 起瓦斯爆炸事故进行分析,其中对 90 起瓦斯爆炸事故进行提取,10 起瓦斯爆炸事故进行检验),最终形成 304 个自由节点,自由节点数量庞大且存在较多重复因素,从安全专业的角度将自由节点进行概念化处理,部分编码过程如表 3.1 所列。

表 3.1 瓦斯爆炸事故风险因素开放式编码过程

序号	事故案例	自由节点	范畴化
1	2010 年 5 月 8 日,湖北恩施水井湾煤矿发生重大瓦斯爆炸事故,造成 10 人死亡,4 人重伤,2 人轻伤直接经济损失 580 万元	工作面没有形成全负压通风;矿灯失爆产生电火花;未严格执行“技改矿井严禁生产”的规定,违规组织生产;工作面布置不符合要求;局部通风机停工停风;安全监控系统不能正常运行;瓦斯漏检;矿灯没有实行集中统一管理;违规使用、操作失爆矿灯;市、镇安全监管部门安全监管不到位	通风系统混乱;电气设备失爆;资源管理不到位;违规组织生产;技术管理不到位;设备可靠性差;违反操作规程;安全制度未落实;安全监管不到位

表 3.1(续)

序号	事故案例	自由节点	范畴化
2	2011 年 10 月 16 日，陕西铜川田玉煤业发生重大瓦斯爆炸事故，造成 11 人死亡，直接经济损失 965.6 万元	掘进工作面与老空区打透，未密闭；非法越界生产，制作假报表、假图纸、弄虚作假，采取临时封闭非法系统应对检查；安全管理混乱；通风管理混乱，通风设施不可靠，漏风严重，风量严重不足，局部通风机吸循环风；耙斗机在扒煤中，因打结且有毛刺的钢丝绳与耙斗机绞车右滚筒左翼板摩擦起火；政府监管不到位	违法组织生产；技术管理不到位；违反劳动纪律；违反操作规程；安全意识淡薄；通风系统混乱；安全监管不到位
3	2012 年 8 月 29 日，四川攀枝花肖家湾煤矿发生特别重大瓦斯爆炸事故，造成 48 人死亡，54 人受伤，直接经济损失 4 980 万元	无风微风作业；提升绞车信号装置失爆；违法组织生产，超层越界非法采矿；超能力、超定员、超强度生产；采用局部通风机供风，经常发生停电停风现象；风机向多头面供风；串联通风，循环风，还与周边矿井连通，造成风量不足；未安装瓦斯监控传感器；未落实瓦斯检查制度；无开采设计、无作业规程、无安全技术措施；绞车信号装置未使用信号综合保护；机电设备检修不及时，使用明令禁止的淘汰设备；未使用完的火工品乱扔乱放	违法组织生产；通风系统混乱；设备缺失；安全制度未落实；设备可靠性差；技术管理不到位；现场安全检查不到位；违章指挥；违反劳动纪律；违反操作规程；安全意识淡薄
4	2013 年 4 月 20 日，吉林庆兴煤矿发生重大瓦斯爆炸事故，造成 18 人死亡，12 人受伤，直接经济损失 1 633.5 万元	违法违规组织生产；隐瞒作业区域，逃避监管监察；采用国家明令禁止的巷道式采煤方法；未形成全负压通风系统；未编制作业规程和安全技术措施；瓦斯检查工、安全检查人员数量不足，以兼职代替专职；爆破说明书编制不规范；未执行“一炮三检”及“三人连锁放炮”制，违章爆破；安全管理机构不健全；日常监管工作不到位	安全生产主体责任不落实；安全意识淡薄；技术管理不到位；通风系统混乱；资源管理不到位；安全管理机构不健全；违反操作规程；安全检查不到位；安全规章制度落实不到位
5	2013 年 11 月 2 日，云南裕鼎水沟探矿井发生瓦斯爆炸事故，造成 3 人死亡，1 人受伤，直接经济损失 249.8 万元	通风系统短路，作业点存在串联通风、循环风；未进行瓦斯检查；作业人员采用风镐卧底，风镐与煤矸摩擦撞击产生火花；未设置安全管理机构；未建立安全生产责任制和相关管理制度；未编制坑探工程专项设计；无地质勘查资质违法组织探矿；作业人员未经培训上岗作业；不执行监管指令，非法组织生产	通风系统混乱；组织机构不健全；安全制度不健全；安全监管不到位；安全培训不到位；违规作业；违法组织生产、技术管理不到位

表 3.1(续)

序号	事故案例	自由节点	范畴化
6	2014年6月3日,重庆砚石台煤矿发生重大瓦斯爆炸事故,造成22人死亡,7人受伤,直接经济损失1 654.6万元	工作面采空区漏风、大面积空顶;防灭火措施落实不到位;安全检查、隐患排查不到位;人员定位识别卡使用不正常;煤矿安全教育培训不力,未开展应急演练;煤矿职工未随身携带自救器,自救互救意识差;未按规定强制放顶;采空区防漏风措施执行不到位	技术管理不到位;安全检查不到位;设备可靠性差;安全教育培训不到位;违反劳动纪律;安全意识不强;安全监管不到位
7	2016年5月3日,云南昭通市沙坝煤矿发生较大瓦斯爆炸事故,造成6人死亡,直接经济损失720.1万元	掘进工作面风筒被垮落的矸石压埋,瓦斯超限作业;矿灯失爆;空班漏检;未设置甲烷传感器;瓦斯监控系统无法正常使用;局部通风机停工停风;串联通风;采用明令禁止的非正规的采煤方法;"以检修为名"违规组织生产;无安全管理机构;无专业技术人员;多点交叉作业;特种作业人员身兼数职,无证上岗;未严格执行入井检身登记制度;矿灯管理和使用混乱;矿灯来源不明;安全监管工作不到位	违反劳动纪律;违反操作规程;电气设备失爆;设备缺失;设备可靠性差;通风系统混乱;违法违规生产;制度未落实;资源管理不到位;安全责任未落实;技术管理不到位;安全监管不到位;组织机构不健全
8	2016年12月3日,内蒙古赤峰宝马煤矿发生特别重大瓦斯爆炸事故,造成32人死亡,20人受伤,直接经济损失4 399万元	越界违法组织生产;采用巷道式采煤方法;工作面随意停电停风;串联通风;违规焊接支架产生电焊火花;未检查瓦斯浓度;管理人员未配备便携式甲烷检测报警仪;局部通风机无"三专两闭锁",且同时向2个采掘作业点供风;通风设施漏风严重;违规使用电焊;电缆、开关等电气设备失爆;无供配电系统图和设备布置图;强令工人冒险作业	违法组织生产;技术管理不到位;通风系统混乱;电气设备管理制度不落实;违反操作规程;电气设备失爆;设备缺失;设备可靠性差;违章指挥
9	2017年2月27日,贵州水城大河边煤矿发生较大瓦斯爆炸事故,造成9人死亡,9人受伤,直接经济损失1 481.9万元	机电设备未按规定使用;单机过载、超负荷运行;过流保护失效;设备入井检查流于形式;无过热保护元件、无温度保护;采煤机司机和运输司机无证上岗;未按规定检修维护;瓦斯治理和管理不到位;特种作业人员无证上岗;抽采管路采用聚乙烯钢丝骨架管与螺旋焊管混用,支撑强度不均匀;多工序平行作业;瓦斯抽采时间不足;未安装瓦斯传感器	违反操作规程;设备可靠性差;安全检查不到位;隐患排查治理不到位;技术管理不到位;管理制度不健全;未配齐安全技术人员;设备缺失;违反劳动纪律

表 3.1(续)

序号	事故案例	自由节点	范畴化
10	2017 年 12 月 8 日，郴州市永兴县恒昌工贸有限公司株山冲煤矿发生较大瓦斯爆炸事故，造成 4 人死亡，1 人受伤，直接经济损失 452.3 万元	工作面开切眼处于地质变化带，瓦斯涌出异常；采用煤电钻插销代替发爆器起爆；蓄意隐瞒下井人数，违规复工复产；安全主体责任不落实，矿领导带班下井制度流于形式；没有随身携带便携式甲烷检测报警仪；违章爆破；事故作业面当班无持证爆破工，爆破管理混乱；井下无炸药库，炸药管理混乱，无记录；安全监控系统不完善；没有安装风电闭锁装置和甲烷电闭锁装置；通风瓦斯管理不到位；未按设计布置巷道；未编制安全技术措施；政府部门对日常安全监管工作存在漏洞，未严格督促	瓦斯异常涌出；违规组织生产；安全制度落实不到位；违反操作规程；违反劳动纪律；通风系统混乱；设备可靠性差；技术管理不到位；安全责任未落实；资源管理混乱；隐患治理不到位；政府监管不到位

(2) 主轴式编码

主轴式编码(axial coding)是在开放式编码的基础上，结合相关理论，从系统的角度，对子范畴进行不断地提升概括，挖掘并建立主要概念或范畴之间的多重联系，对案例开放式编码得到的范畴进行简化、合并，删除出现频率较低的范畴，形成主范畴，从而展现各部分资料的逻辑关联性。

开放式编码直接从原始事故案例中提取相关语句，得到的自由节点和子范畴存在大量重复性，体现了瓦斯爆炸事故发生的规律性和再现性；另外，部分子范畴之间存在一定的从属关系与交叉关系，不利于事故的逻辑推理与演化分析。主轴式编码的目的是寻找自由节点之间的内在关系，建立子范畴之间的相互关联，这些关系可以是因果关系、从属关系、语义关系、对等关系等。根据瓦斯爆炸事故致因分析，最终将自由节点与子范畴聚类为煤矿固有风险、人的不安全行为、物的不安全状态、环境的不安全因素以及管理缺陷五类因素。

(3) 选择式编码

选择式编码(selective coding)是从宏观的角度分析，在主范畴的基础上，通过描述瓦斯爆炸的“事故链”来梳理和发现核心范畴，即对主范畴进一步提炼归类，从而将核心范畴和其他范畴系统地连接起来。

结合开放式编码和主轴式编码过程，从系统的角度分析瓦斯爆炸事故发生的原因，对风险因素进行选择式编码。从宏观、中观和微观三个层面对瓦斯爆炸的风险因素进行逻辑推理与分析，微观层面是瓦斯爆炸事故发生的直接原因，即瓦斯浓度超限、产生点火源和氧气含量充足三个风险因素；中观层面是煤矿固有风险、人的不安全行为、物的不安全状态、环境的不安全因素以及管理缺陷这五个风险因素；宏观层面是企业安全组织结构、安全管理能力、安全文化建设，政府监督管理、相关政策法规约束，社会监督等因素。

3.2.2 前兆信息提取的饱和度检验

根据扎根理论的信息编码提取过程，最终提取 3 个核心范畴，8 个主范畴，27 个一级子范畴和 67 个二级子范畴，如表 3.2 所列。

表 3.2 瓦斯爆炸事故前兆信息编码结果

核心范畴	主范畴	一级子范畴	二级子范畴
微观	爆炸条件	瓦斯浓度超限；产生点火源；氧气含量充足	
中观	煤矿固有风险	煤层瓦斯涌出量；煤层自燃倾向性	
	人的不安全行为	违反劳动纪律	脱岗、串岗、提前离岗、工作时间休息、无证上岗、擅自更改或不执行指令、未佩戴劳动防护用品、伪造瓦斯日报
		违反操作规程	违章爆破、中孔装药作业违章、违章焊接、瓦斯漏检、停风作业、随意开关风门、带电检修电气设备、未按规定排放瓦斯、违章操作电气设备、瓦斯传感器悬挂位置不符合规程规定、违规启封作业
		安全技能不足	技能技术不高、操作不当、漏掉操作步骤、不熟悉安全操作规程、安全生产知识不足
		安全责任意识差	发现问题不及时反馈、遇到危险不及时上报、习惯性违章
		违章指挥	经验不足，判断失误；强令冒险作业
	物的不安全状态	设备缺失	未安装瓦斯监控系统、传感器数量缺乏及种类不全、无安全监控系统、无便携式瓦斯检测仪、安全装备配置不足
		设备可靠性差	通风系统设施故障、瓦斯抽采设备故障、监测设备故障（监测失真、功能缺失）、机电设备故障、安全防护装备失效、瓦斯报警失灵等
		通风系统混乱	矿井供风量不足、局部通风管理混乱（随意关停、拉循环风）、风筒漏风、风筒脱节、风筒距工作面过长
		电气设备失爆	信号装置失爆、发爆器失爆、矿灯失爆、其他电气设备失爆
	环境不安全因素	巷道堵塞、瓦斯异常涌出、密闭空间瓦斯积聚、地质构造变化	

表 3.2(续)

核心范畴	主范畴	一级子范畴	二级子范畴
中观	管理缺陷	资源管理不到位	未配齐安全技术人员、设备管理不到位、栅栏管理不合规定、矿灯未统一管理、警示标识不清晰
		安全制度不健全	瓦斯管理制度不完善、通风管理制度混乱(通风系统、局部通风、测风、配风量等)
		安全责任制未落实	岗位责任落实不到位、现场管理混乱
		安全检查不到位	隐患排查治理不到位、伪造检查记录、现场检查不到位
		安全培训不到位	安全培训针对性不强、内容陈旧、流于形式,培训效果不理想
		技术管理不到位	采用国家明令禁止的采煤方法、通风设计不合理、无开采设计、无作业规程、无安全技术措施、瓦斯抽采不合理、防火设计不合理
宏观	企业管理	组织机构不健全	机构设置不足、人员配备不齐、责任分配不合理
		重生产轻安全	超能力生产、安全文化建设不到位、领导法律意识不强
		违法违规组织生产	超深越界开采、以检修或整改名义生产、随意复工复产、无证或证过期生产
	政府监管	监督管理不到位	

由于扎根理论是在以往事故案例分析的基础上进行的,收集的案例资料有一定的局限性,存在一些前兆信息未发掘,因此需要进行理论饱和度检验。饱和度检验是选取新的事故案例,通过开放式、主轴式、选择式编码,检验瓦斯爆炸事故前兆信息提取的完备性,直至不再产生新的类别和范畴。选取另外 10 起瓦斯爆炸事故案例进行开放式编码、主轴式编码和选择式编码,检验证明子范畴、主范畴以及核心范畴都无须再增加。瓦斯爆炸事故的发生存在一定的规律性和再现性,前兆信息大多都是相似的。检验结果表明,通过分析 2010—2020 年全国煤矿发生的 125 起瓦斯爆炸事故案例,其提取的前兆信息能够反映一定的现实规律与问题,比较符合实际情况。

3.2.3 前兆信息知识库构建

运用扎根理论从大量事故案例中提取的前兆信息,存在前兆信息的缺失,需要结合深层致因分析与相关规定、要求进一步补充完善。本书从瓦斯爆炸事故致因分析中,提取导致人的不安全行为和物的不安全状态作为二类前兆信息,如矿工的生理和心理状态；从企业管理中提取组织“重生产轻安全”的二类前兆信息等。煤矿瓦斯爆炸前兆信息体系如图 3.2 所示，包括 5 个一类前兆信息和 27 个二类前兆信息，后续研究中将二类前兆信息统称为风险因素。

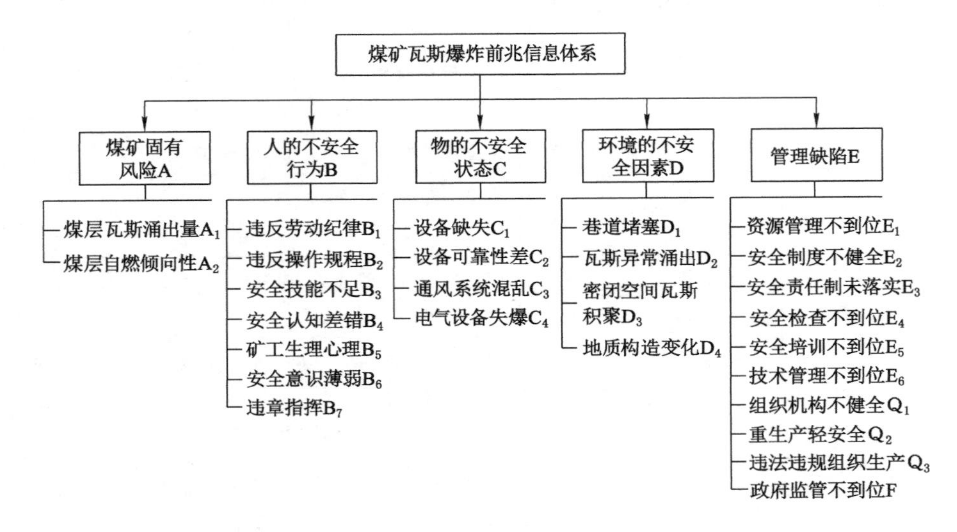

图 3.2　煤矿瓦斯爆炸前兆信息体系

根据扎根理论提取的二级子范畴，结合法律法规、标准规范，补充完善三类前兆信息以及前兆信息对应的条款规定，如表 3.3 所列。最终确定 129 个三类前兆信息以及前兆信息对应的 161 条规定，三类前兆信息是导致瓦斯爆炸事故发生的直接原因，应严格按照规定要求进行标准化、规范化。

表 3.3　瓦斯爆炸前兆信息知识库(部分)

编码	前兆信息	相关条款	依据
1.1.5	无证上岗	第九条　煤矿企业必须对从业人员进行安全教育和培训。培训不合格的，不得上岗作业。主要负责人和安全生产管理人员必须具备煤矿安全生产知识和管理能力，并经考核合格。特种作业人员必须按国家有关规定培训合格，取得资格证书，方可上岗作业。矿长必须具备安全专业知识，具有组织、领导安全生产和处理煤矿事故的能力	《煤矿安全规程》

表 3.3(续)

编码	前兆信息	相关条款	依据
1.2.1	违章爆破	第一百四十三条第一项　……掘进的工作面每次爆破前,必须派专人和瓦斯检查工共同到停掘的工作面检查工作面及其回风流中的瓦斯浓度,瓦斯浓度超限时,必须先停止在掘工作面的工作,然后处理瓦斯,只有在2个工作面及其回风流中的甲烷浓度都在1.0%以下时,掘进的工作面方可爆破。每次爆破前,2个工作面入口必须有专人警戒。…… 第二百二十二条第三款　煤巷掘进工作面采用远距离爆破时,起爆地点必须设在进风侧反向风门之外的全风压通风的新鲜风流中或者避险设施内,起爆地点距工作面的距离必须在措施中明确规定	《煤矿安全规程》
2.2.3	瓦斯传感器悬挂位置不符合规定	6.1.1 甲烷传感器应垂直悬挂,距顶板(顶梁、屋顶)不得大于300 mm,距巷道侧壁(墙壁)不得小于200 mm,并应安装维护方便,不影响行人和行车	《煤矿安全监控系统及检测仪器使用管理规范》

3.3　瓦斯爆炸前兆信息特征分析

基于扎根理论,对瓦斯爆炸事故的前兆信息进行定性分析;运用决策与试验评价实验室方法(decision-making trial and evaluation laboratory,DEMATEL)结合解释结构模型(interpretative structural modeling method,ISM)研究复杂系统二类前兆信息之间的相互关系,并运用交叉影响矩阵相乘法剖析二类前兆信息的属性特征;从定量的角度对瓦斯爆炸事故的二类前兆信息进行分析,深入探讨风险因素之间的逻辑关系、因果关系及属性特征,为后续演化模型的构建及应对措施的实施提供理论依据。

3.3.1　基于 DEMATEL 的前兆信息关联特征分析

DEMATEL 方法是由美国学者 Gabus 和 Fontela 提出的用于解决复杂问题的方法论,通过系统中各要素之间的逻辑关系和直接影响矩阵,可以计算出每个要素对其他要素的影响度以及被影响度,从而计算出每个要素的原因度和中心度,作为构造模型的依据,进而确定要素间的因果关系和每个要素在系统中的地位。

(1) 直接影响矩阵 $\boldsymbol{K}$

邀请15位煤矿安全与应急管理领域的相关专家(包括长期从事煤矿井下工作的一线矿工、安监员、管理人员,应急管理库中的煤矿领域专家以及长期从事矿井瓦斯防治的科研人员)对此进行评估,按照0～3(0:无影响;1:弱影响;2:中影响;3:强影响)打分法对瓦斯爆炸各风险因素相互之间的直接影响关系及其影响程度进行定量评估,构成直接影响矩阵(附录中表1)。为保证评估结果的可行性与可信度,运用SPSS21.0软件对评估结果进行信度分析,其中克朗巴哈系数$\alpha=0.891$,大于0.80,具有较高的信度,表明评估结果可信。

$$\boldsymbol{K}=[k_{ij}]_{m\times n} \tag{3.1}$$

式中　k_{ij}——因素i对因素j的影响程度。

(2) 综合影响矩阵$\boldsymbol{T}$

将直接影响矩阵$\boldsymbol{K}$标准化形成标准化直接影响矩阵$\boldsymbol{N}$,如下式所示:

$$\boldsymbol{N}=\boldsymbol{K}/s \tag{3.2}$$

$$s=\max\Big[\max_{1\leqslant j\leqslant n}\sum_{i=1}^{n}k_{ij},\max_{1\leqslant i\leqslant n}\sum_{j=1}^{n}k_{ij}\Big] \tag{3.3}$$

式中　s——直接影响矩阵各行和、各列和的最大值。

为了进一步分析瓦斯爆炸各前兆信息因素之间的间接影响关系及影响程度,根据式(3.4)构建综合影响矩阵$\boldsymbol{T}$(附录中表2)。

$$\boldsymbol{T}=\boldsymbol{N}(\boldsymbol{I}-\boldsymbol{N})^{-1} \tag{3.4}$$

式中　$\boldsymbol{I}$——与$\boldsymbol{N}$同阶的单位矩阵。

(3) 计算中心度和原因度

计算综合影响矩阵$\boldsymbol{T}$各行和r_i、各列和c_i,其中r_i表示前兆信息i对其他信息的综合影响值,即直接影响与间接影响之和;c_i表示其他信息对i的综合影响值。r_i+c_i为因素i的中心度;r_i-c_i为因素i的原因度,原因度越大,表明其关联性越强,如表3.4所列。

表3.4　瓦斯爆炸事故致因因素的中心度和原因度

因素	r_i	c_i	中心度	原因度	驱动力值	依赖度值
A_1	0.250	1.464	1.714	−1.214	2	23
A_2	0.067	0.697	0.764	−0.630	1	1
B_1	0.696	1.372	2.068	−0.676	24	18
B_2	0.723	1.709	2.432	−0.986	24	18
B_3	0.625	0.892	1.517	−0.267	24	18
B_4	1.057	0.658	1.715	0.399	24	18
B_5	1.430	0.793	2.223	0.637	24	18

表 3-4(续)

因素	r_i	c_i	中心度	原因度	驱动力值	依赖度值
B_6	1.341	0.865	2.206	0.476	24	18
B_7	1.376	1.092	2.468	0.284	24	18
C_1	0.769	0.811	1.580	−0.042	24	18
C_2	0.459	0.930	1.389	−0.471	3	19
C_3	0.390	1.272	1.662	−0.883	3	19
C_4	0.315	0.811	1.126	−0.496	1	19
D_1	0	1.136	1.136	−1.136	1	19
D_2	0.117	0.762	0.879	−0.645	3	20
D_3	0	1.641	1.641	−1.641	1	24
D_4	0.169	0.056	0.225	0.113	4	1
E_1	1.091	0.616	1.707	0.475	24	18
E_2	1.410	0.505	1.915	0.905	24	18
E_3	1.591	0.595	2.186	0.996	24	18
E_4	1.628	0.916	2.544	0.712	24	18
E_5	2.026	0.805	2.831	1.221	24	18
E_6	0.718	1.517	2.235	−0.798	24	18
Q_1	1.166	0.287	1.453	0.879	25	1
Q_2	1.842	0.754	2.596	1.088	24	18
Q_3	1.785	0.903	2.688	0.882	24	18
F	1.435	0.618	2.053	0.817	24	18

当原因度大于 0 时，说明风险因素对其他因素的影响较大，称为原因因素；当原因度小于 0 时，说明风险因素受其他因素的影响较大，称为结果因素，如图 3.3 所示。

在图 3.3 中，横坐标为中心度，纵坐标为原因度，竖线为中心度的平均值，横线为原因度值为 0 的分界线。第一象限代表中心度和原因度均高，即要素重要性高且为原因因素；第二象限代表中心度低和原因度高，即要素重要性低且为原因因素；第三象限代表中心度和原因度均低，即要素重要性低且为结果因素；第四象限代表中心度高和原因度低，即要素重要性高且为结果因素。

① 中心度分析

中心度越大，表明风险因素在瓦斯爆炸事故中发挥的推动作用越大，必须引

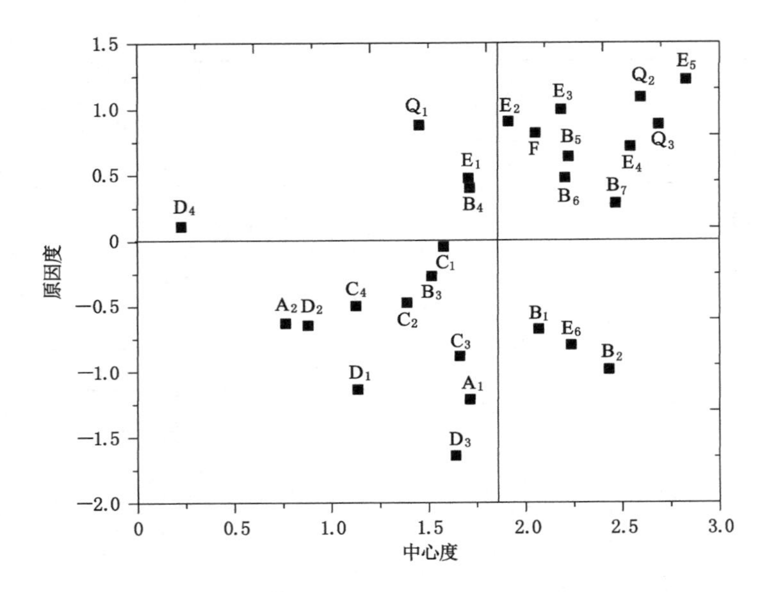

图 3.3　瓦斯爆炸事故致因因素的中心度与原因度的关系

起高度重视。根据表 3.4 可知，E_5安全培训不到位(2.831)，Q_3违法违规组织生产(2.688)，Q_2重生产轻安全(2.596)，E_4安全检查不到位(2.544)，B_1、B_2、B_7“三违”行为(平均 2.323)，E_6技术管理不到位(2.235)，B_5矿工生理心理(2.223)，B_6安全意识薄弱(2.206)，E_3安全责任制未落实(2.186)和 F 政府监管不到位(2.053)等 12 个因素的中心度值相对较高，说明其对煤矿瓦斯爆炸事故的发生影响较大，在其他因素中占据核心地位。大量事故案例表明，违法违规组织生产导致的瓦斯爆炸事故时有发生，其中涉及煤矿安全管理与政府监管的问题，因违法开采导致的一系列瞒报、伪造开采记录、隐瞒真实情况等行为，是造成瓦斯爆炸事故发生的重要原因。

从中观层次分析，在人的不安全行为维度，B_2违反操作规程(2.432)和 B_7违章指挥(2.468)中心度较高，B_5矿工生理心理(2.223)和 B_6安全意识薄弱(2.206)次之；在物的不安全状态维度，C_3通风系统混乱(1.662)中心度较高，说明预防瓦斯爆炸事故的关键是要保证通风系统稳定运行，通风系统和瓦斯浓度密切相关，一旦风量不足，极有可能造成瓦斯浓度超限；在管理缺陷维度，E_5安全培训不到位(2.831)和 E_4安全检查不到位(2.544)中心度较高，说明煤矿安全培训工作，无论是从培训内容、培训频次还是培训考核上，较以往时期已经取得很大进步，逐步规范化，但仍存在培训内容不匹配、方式方法不理想、员工不积极、流于形式等问题，导致培训效果较差，员工在业务和安全能力方面尚未得到有效提升。其次，日常安全检查中及时发现问题、解决问题，严格落实风险管控和隐患排查制度，也能够有效预防瓦斯爆炸事故的发生。

② 原因度分析

根据表 3.4 及图 3.3 可知，E_5安全培训不到位、Q_2重生产轻安全、E_3安全责任制未落实、Q_3违法违规组织生产等 14 个因素为原因因素，其中，领导对安全的重视程度、安全教育培训工作对其他因素的影响较大，说明领导对安全的重视程度与矿工的安全意识成正相关关系，会影响矿工的安全操作行为，另外，安全教育培训从思想、法规和技能方面对矿工综合安全能力的提升起到重要作用，显著影响其安全意识的增强及安全行为习惯的养成；D_3密闭空间瓦斯积聚、D_1巷道堵塞、B_2违反操作规程、C_3通风系统混乱、E_6技术管理不到位等 13 个因素为结果因素，其中，通风系统混乱和违反操作规程受其他因素影响较大，需要究其原因进一步加强管控。结果因素是原因因素作用的综合体现，结果因素的状态随着原因因素结构功能的改变而发生变化，进而使得瓦斯爆炸风险因素的演化极为复杂。

3.3.2 基于 ISM 的前兆信息层级特征分析

(1) 建立邻接矩阵与可达矩阵

根据综合影响矩阵 $\boldsymbol{T}$ 构建邻接矩阵 $\boldsymbol{L}$，将邻接矩阵 $\boldsymbol{L}$ 与单位矩阵 $\boldsymbol{I}$ 相加构成新的矩阵 $\boldsymbol{H}$[式(3.6)]；然后依据布尔矩阵的运算性质，运用 MATLAB 软件对矩阵 $\boldsymbol{H}$ 进行多次布尔运算，直到满足公式 $\boldsymbol{Z} = (\boldsymbol{L}+\boldsymbol{I})^{n+1} = (\boldsymbol{L}+\boldsymbol{I})^{n} \neq (\boldsymbol{L}+\boldsymbol{I})^{n-1} \neq \boldsymbol{L}+\boldsymbol{I}$，最终得到可达矩阵 $\boldsymbol{Z}$。

$$l_{ij} = \begin{cases} 0, & l_{ij} < \lambda \\ 1, & l_{ij} \geqslant \lambda \end{cases} \tag{3.5}$$

$$\boldsymbol{H} = \boldsymbol{L} + \boldsymbol{I} \tag{3.6}$$

式中 l_{ij} ——邻接矩阵 $\boldsymbol{L}$ 的元素；

λ ——边界阈值，为综合影响矩阵 $\boldsymbol{T}$ 中所有影响值的均值和标准差之和。

(2) 构建多层递阶模型

以可达矩阵为基础，根据以下公式计算可达矩阵的可达集、前项集和共同集。

$$P(S_i) = \{S_i \mid S_i \in \boldsymbol{Z}, z_{ij} = 1\}, (i = 1,2,\cdots,n) \tag{3.7}$$

$$Q(S_j) = \{S_j \mid S_j \in \boldsymbol{Z}, z_{ji} = 1\}, (j = 1,2,\cdots,n) \tag{3.8}$$

$$C(S_i) = P(S_i) \cap Q(S_j) \tag{3.9}$$

式中 $P(S_i)$ ——可达矩阵 $\boldsymbol{Z}$ 的可达集；

$Q(S_j)$ ——可达矩阵 $\boldsymbol{Z}$ 的前项集；

$C(S_i)$ ——共同集；

S——可达矩阵中的影响因素。

为了方便划分层级，将 27 个二类前兆信息按顺序表示为 1 到 27，可达矩阵的可达集、前项集和共同集如表 3.5 所列。

表 3.5 可达矩阵的影响因素集合

因素	$P(S_i)$	$Q(S_j)$	$C(S_i)$
A_1	1,16	1,3,4,5,6,7,8,9,10,11,12,15,17,18,19,20,21,22,23,24,25,26,27	1
A_2	2	2	2
B_1	1,3,4,5,6,7,8,9,10,11,12,13,14,15,16,18,19,20,21,22,23,25,26,27	3,4,5,6,7,8,9,10,18,19,20,21,22,23,24,25,26,27	3,4,5,6,7,8,9,10,18,19,20,21,22,23,25,26,27
B_2	1,3,4,5,6,7,8,9,10,11,12,13,14,15,16,18,19,20,21,22,23,25,26,27	3,4,5,6,7,8,9,10,18,19,20,21,22,23,24,25,26,27	3,4,5,6,7,8,9,10,18,19,20,21,22,23,25,26,27
B_3	1,3,4,5,6,7,8,9,10,11,12,13,14,15,16,18,19,20,21,22,23,25,26,27	3,4,5,6,7,8,9,10,18,19,20,21,22,23,24,25,26,27	3,4,5,6,7,8,9,10,18,19,20,21,22,23,25,26,27
B_4	1,3,4,5,6,7,8,9,10,11,12,13,14,15,16,18,19,20,21,22,23,25,26,27	3,4,5,6,7,8,9,10,18,19,20,21,22,23,24,25,26,27	3,4,5,6,7,8,9,10,18,19,20,21,22,23,25,26,27
B_5	1,3,4,5,6,7,8,9,10,11,12,13,14,15,16,18,19,20,21,22,23,25,26,27	3,4,5,6,7,8,9,10,18,19,20,21,22,23,24,25,26,27	3,4,5,6,7,8,9,10,18,19,20,21,22,23,25,26,27
B_6	1,3,4,5,6,7,8,9,10,11,12,13,14,15,16,18,19,20,21,22,23,25,26,27	3,4,5,6,7,8,9,10,18,19,20,21,22,23,24,25,26,27	3,4,5,6,7,8,9,10,18,19,20,21,22,23,25,26,27
B_7	1,3,4,5,6,7,8,9,10,11,12,13,14,15,16,18,19,20,21,22,23,25,26,27	3,4,5,6,7,8,9,10,18,19,20,21,22,23,24,25,26,27	3,4,5,6,7,8,9,10,18,19,20,21,22,23,25,26,27
C_1	1,3,4,5,6,7,8,9,10,11,12,13,14,15,16,18,19,20,21,22,23,25,26,27	3,4,5,6,7,8,9,10,18,19,20,21,22,23,24,25,26,27	3,4,5,6,7,8,9,10,18,19,20,21,22,23,25,26,27

表 3.5(续)

因素	$P(S_i)$	$Q(S_j)$	$C(S_i)$
C_2	1,11,16	3,4,5,6,7,8,9,10,11,18,19,20,21,22,23,24,25,26,27	11
C_3	1,12,16	3,4,5,6,7,8,9,10,12,18,19,20,21,22,23,24,25,26,27	12
C_4	13	3,4,5,6,7,8,9,10,13,18,19,20,21,22,23,24,25,26,27	13
D_1	14	3,4,5,6,7,8,9,10,14,18,19,20,21,22,23,24,25,26,27	14
D_2	1,15,16	3,4,5,6,7,8,9,10,15,17,18,19,20,21,22,23,24,25,26,27	15
D_3	16	1,3,4,5,6,7,8,9,10,11,12,15,16,17,18,19,20,21,22,23,24,25,26,27	16
D_4	1,15,16,17	17	17
E_1	1,3,4,5,6,7,8,9,10,11,12,13,14,15,16,18,19,20,21,22,23,25,26,27	3,4,5,6,7,8,9,10,18,19,20,21,22,23,24,25,26,27	3,4,5,6,7,8,9,10,18,19,20,21,22,23,25,26,27
E_2	1,3,4,5,6,7,8,9,10,11,12,13,14,15,16,18,19,20,21,22,23,25,26,27	3,4,5,6,7,8,9,10,18,19,20,21,22,23,24,25,26,27	3,4,5,6,7,8,9,10,18,19,20,21,22,23,25,26,27
E_3	1,3,4,5,6,7,8,9,10,11,12,13,14,15,16,18,19,20,21,22,23,25,26,27	3,4,5,6,7,8,9,10,18,19,20,21,22,23,24,25,26,27	3,4,5,6,7,8,9,10,18,19,20,21,22,23,25,26,27
E_4	1,3,4,5,6,7,8,9,10,11,12,13,14,15,16,18,19,20,21,22,23,25,26,27	3,4,5,6,7,8,9,10,18,19,20,21,22,23,24,25,26,27	3,4,5,6,7,8,9,10,18,19,20,21,22,23,25,26,27

表 3.5(续)

因素	$P(S_i)$	$Q(S_j)$	$C(S_i)$
E_5	1,3,4,5,6,7,8,9,10,11,12,13,14,15,16,18,19,20,21,22,23,25,26,27	3,4,5,6,7,8,9,10,18,19,20,21,22,23,24,25,26,27	3,4,5,6,7,8,9,10,18,19,20,21,22,23,25,26,27
E_6	1,3,4,5,6,7,8,9,10,11,12,13,14,15,16,18,19,20,21,22,23,25,26,27	3,4,5,6,7,8,9,10,18,19,20,21,22,23,24,25,26,27	3,4,5,6,7,8,9,10,18,19,20,21,22,23,25,26,27
Q_1	1,3,4,5,6,7,8,9,10,11,12,13,14,15,16,18,19,20,21,22,23,24,25,26,27	24	24
Q_2	1,3,4,5,6,7,8,9,10,11,12,13,14,15,16,18,19,20,21,22,23,25,26,27	3,4,5,6,7,8,9,10,18,19,20,21,22,23,24,25,26,27	3,4,5,6,7,8,9,10,18,19,20,21,22,23,25,26,27
Q_3	1,3,4,5,6,7,8,9,10,11,12,13,14,15,16,18,19,20,21,22,23,25,26,27	3,4,5,6,7,8,9,10,18,19,20,21,22,23,24,25,26,27	3,4,5,6,7,8,9,10,18,19,20,21,22,23,25,26,27
F	1,3,4,5,6,7,8,9,10,11,12,13,14,15,16,18,19,20,21,22,23,25,26,27	3,4,5,6,7,8,9,10,18,19,20,21,22,23,24,25,26,27	3,4,5,6,7,8,9,10,18,19,20,21,22,23,25,26,27

根据层级划分原则，提取满足 $C(S_i)=P(S_i)$ 的因素为第一层级因素；然后从可达矩阵中删除该因素对应的行与列，重复此过程将可达矩阵 $\boldsymbol{Z}$ 进行结构层次划分，构建瓦斯爆炸事故前兆信息多层递阶模型，如图 3.4 所示。

煤矿瓦斯爆炸事故前兆信息多层递阶模型中，结构层次越高，越应该引起高度重视。根据图 3.4 可知，组织机构不健全(机构设置、人员配备、责任落实)位于最高层级，属于深层致因因素，说明煤矿企业安全管理组织机构健全，责任体系完善是保证安全生产系统稳定运行的基础与关键；瓦斯浓度超限和产生点火源是导致瓦斯爆炸的必要条件，而煤层自然发火、电气设备失爆、巷道堵塞和密闭空间瓦斯积聚位于最低层级，属于表层致因因素；第四层级的因素“三违”行为、技术管理不到位、资源管理不到位、违法违规组织生产、领导重视不够等属于深层过渡致因因素，也是导致瓦斯爆炸事故发生的根本致因因素。深层致因因素通过影响过渡致因素作用于表层致因因素。在预防瓦斯爆炸事故中，要特别注重引导并强化深层致因因素，加强过渡致因因素的提升管理，尽可能减少人的

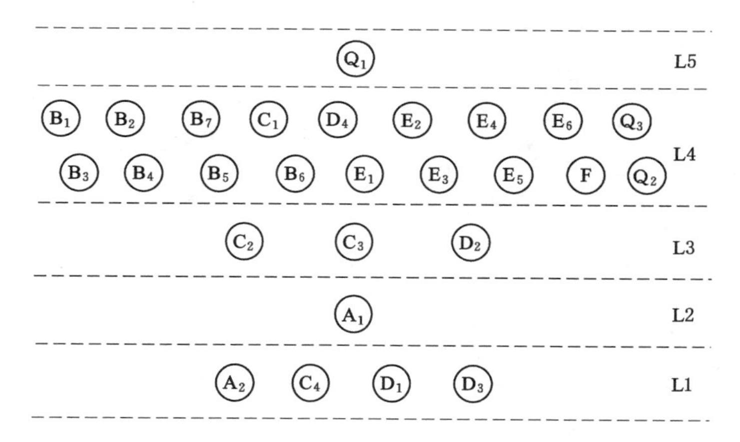

图 3.4 煤矿瓦斯爆炸事故前兆信息多层递阶模型

不安全行为，保障物的安全状态，警惕环境的不安全因素，充分发挥安全管理效能，杜绝表层致因因素的发生。

3.3.3 基于 MICMAC 的前兆信息属性特征分析

MICMAC 是运用矩阵相乘原理来反映各风险因素之间相互作用关系的一种量化方法，其核心思想是通过计算各风险因素之间的驱动力值[式(3.10)]和依赖度[式(3.11)]，并根据驱动力和依赖度将风险因素划分为自治、依赖、关联和独立四类要素，明确各层级风险因素的属性特征，如图 3.5 所示。

$$D_i = \sum_{i=1}^{n} z_{ij}, (i = 1,2,\cdots,n) \tag{3.10}$$

$$R_j = \sum_{j=1}^{n} z_{ij}, (j = 1,2,\cdots,n) \tag{3.11}$$

根据图 3.5 可知，Q_1 组织机构不健全（机构设置、人员配备、责任落实）为独立因素，其驱动力值较高，依赖度值低，是导致煤矿瓦斯爆炸事故发生的根源，对其他因素影响较大，但受其他因素影响较小；自治因素包括 A_2 煤层自燃倾向性和 D_4 地质构造变化，驱动力值和依赖度均较低；依赖因素包括 A_1 煤层瓦斯涌出量、C_2 设备可靠性差、C_3 通风系统混乱、D_2 瓦斯异常涌出等 7 个因素，具有较高的依赖度，但驱动力值较低，是导致瓦斯爆炸事故发生的直接因素，极易受到其他因素的影响；关联因素包括 B_2 违反操作规程、C_1 设备缺失、E_1 资源管理不到位、Q_3 违法违规组织生产、F 政府监管不到位等 17 个因素，具有较高的驱动力值和依赖度，属于间接因素，对其他因素以及受其他因素的影响均较大，这些因素的状态极易发生改变，稳定性差，不易控制。综上分析，人的不安全行为和作业现场管理不到位均属于关联因素，是导致瓦斯爆炸事故发生的高发因素，与以往

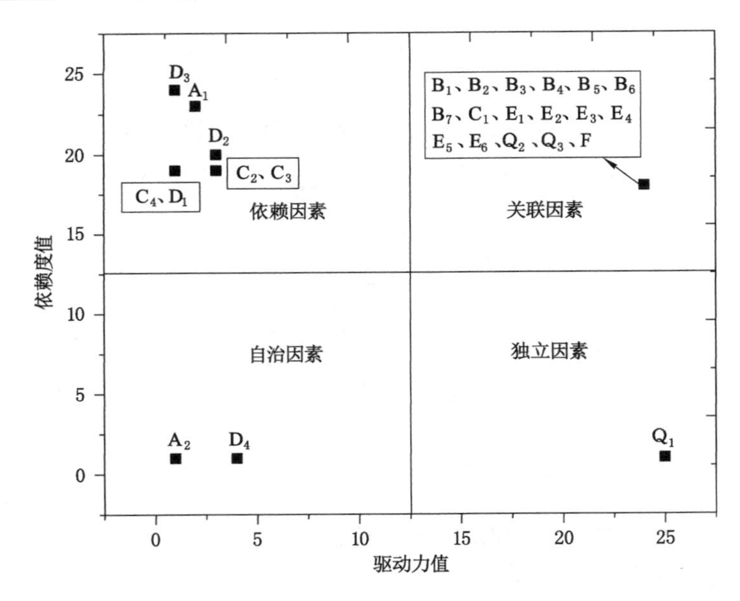

图 3.5　瓦斯爆炸前兆信息 MICMAC 分析结果图

研究结果及前期案例统计结果一致，煤矿企业应引起高度重视。

3.4　本章小结

本章根据前兆信息的概念界定，基于事故致因分析，运用扎根理论提取瓦斯爆炸事故前兆信息，并结合相关法律法规、标准规范，构建瓦斯爆炸事故前兆信息知识库，并运用 DEMATEL-ISM-MICMAC 方法研究瓦斯爆炸事故前兆信息之间的相互关系及属性特征。通过对瓦斯爆炸事故的前兆信息进行归类提取与特征分析，为后续态势推演系统的开发提供理论基础。本章主要得出以下结论：

(1) 前兆信息是指事故发生之前的征兆信息，包括风险信息、隐患信息等非正常状态的信息。基于事故致因分析，运用扎根理论从事故调查报告中提取瓦斯爆炸事故前兆信息，结合法律法规、标准规范中关于瓦斯、起火源的相关规定，从前兆信息、相关规定和依据三方面构建了瓦斯爆炸前兆信息知识库，包括 5 个一类前兆信息、27 个二类前兆信息、129 个三类前兆信息以及前兆信息对应的 161 条规定。

(2) 运用 DEMATEL-ISM-MICMAC 方法对前兆信息之间的相互关系及其对瓦斯爆炸事故发生的作用程度进行研究。从中心度进行分析，安全培训不到位(2.831)、违法违规组织生产(2.688)、重生产轻安全(2.596)、安全检查不到位(2.544)、“三违”行为(平均 2.323)、技术管理不到位(2.235)、矿工生理心理(2.223)和安全意识薄弱(2.206)等 12 个风险因素的中心度相对较高,说明其对煤矿瓦斯爆炸事故的发生影响较大,在其他因素中占据核心地位。

(3) 从原因度进行分析,安全培训不到位(1.221)、重生产轻安全(1.088)、安全责任制未落实(0.996)、违法违规组织生产(0.882)等 14 个因素为原因因素;密闭空间瓦斯积聚(−1.641)、煤层瓦斯涌出量(−1.214)、巷道堵塞(−1.136)、违反操作规程(−0.986)、通风系统混乱(−0.883)等 13 个因素为结果因素。结果因素是原因因素作用的综合体现,且结果因素的状态随着原因因素结构功能的改变而发生变化。

(4) 从作用关系分析,组织机构不健全(机构设置、人员配备、责任落实)为独立因素,是导致瓦斯爆炸事故发生的根源,对其他因素影响较大,但受其他因素影响较小;自治因素包括煤层自燃倾向性和地质构造变化;依赖因素包括煤层瓦斯涌出量、设备可靠性差、通风系统混乱等 7 个因素,是导致瓦斯爆炸事故发生的直接因素;关联因素包括违反操作规程、设备缺失、资源管理不到位、违法违规组织生产、政府监管不到位等 17 个因素,属于间接因素,对其他因素以及受其他因素的影响均较大。

4 煤矿瓦斯爆炸多因素耦合关联规则构建及其演化

数据挖掘是风险管控与事故预防的重要手段。本章基于瓦斯爆炸前兆信息知识库,从事故调查报告中挖掘导致瓦斯爆炸事故发生的关联规则,根据规则支持度、置信度和提升度,明确风险因素之间及风险因素组合与瓦斯爆炸事故之间的耦合强关联关系,并采用复杂网络方法构建基于强关联规则的风险演化路径,为后续态势推演的研究提供基于强关联规则的推演路径。

4.1 煤矿瓦斯爆炸风险耦合方式及类型

4.1.1 瓦斯爆炸风险耦合方式分析

事故演化是指事件发生时,在内部因素及外部环境因素的干涉下,不断进行物质、能量和信息的交换,从一个状态转变为另一个状态的过程。根据事故致因理论分析,影响瓦斯爆炸事故的风险因素在系统运行中会发生耦合传递,风险因素的耦合演化作用是导致瓦斯爆炸事故发生的主要原因。事故演化过程主要包括共力耦合、互力耦合和驱力耦合三种形式,通常情况下,一起瓦斯爆炸事故的发生是由这三种风险耦合形式共同作用的结果。通过分析瓦斯爆炸事故链,结合风险演化过程和结果的定量评估,在关键点实施干预策略,进一步避免瓦斯爆炸事故的发展演化,进而减少瓦斯爆炸事故的发生。

(1) 共力耦合

共力耦合主要是指单个因素会导致事故发生,多个因素共同作用也会导致事故发生,如图 4.1 所示。人的不安全行为及管理缺陷是导致瓦斯爆炸事故发生的关键因素,均可以单独触发瓦斯爆炸。

(2) 互力耦合

互力耦合主要是指只有两个或两个以上因素共同作用才会导致事故发生,其中单个因素不会造成事故,如图 4.2 所示。从瓦斯爆炸事故发生机理来看,瓦

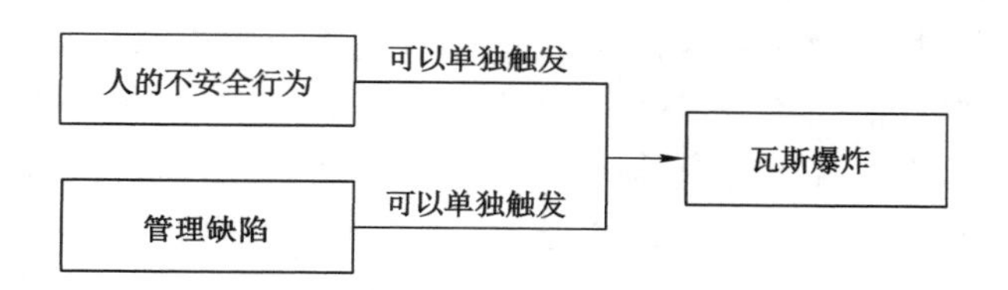

图 4.1　瓦斯爆炸风险因素共力耦合节点逻辑结构

斯浓度超限、产生点火源、氧气含量充足这三个条件互力耦合，缺一不可，共同导致瓦斯爆炸事故的发生。然而，造成这三个条件同时发生的风险因素众多，需要深入分析，只有明晰各风险因素的演化路径，才能从根本上控制与预防瓦斯爆炸事故的发生，保证煤矿生产安全。

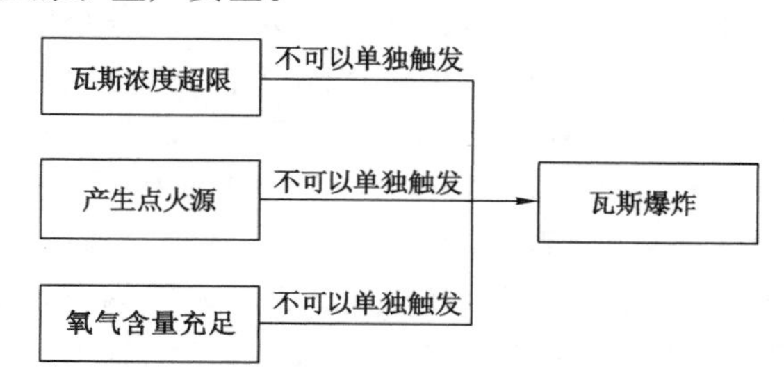

图 4.2　瓦斯爆炸风险因素互力耦合节点逻辑结构

(3) 驱力耦合

驱力耦合主要是指互为因果的因素相继发生最终导致事故发生，如图 4.3 所示。

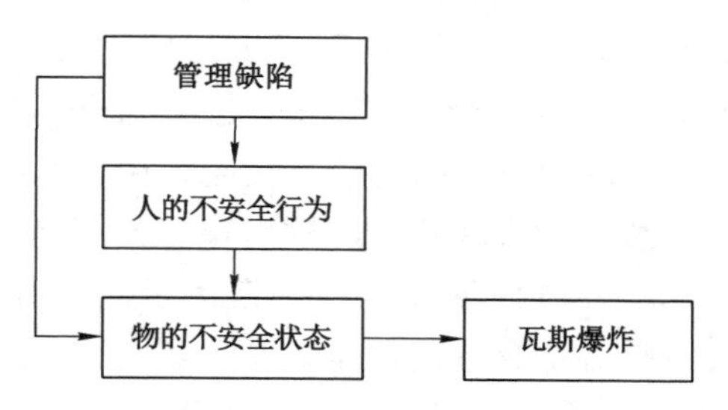

图 4.3　瓦斯爆炸风险因素驱力耦合节点逻辑结构

4.1.2　瓦斯爆炸风险耦合类型划分

煤矿井下瓦斯爆炸事故的发生不是单一因素作用的结果，而是多因素耦合作用、相互影响的结果，风险因素之间的促进、推动等相互作用是导致事故发生的主要原因。煤矿瓦斯爆炸事故发展过程有其内在机理与特征，研究耦合演化机理可以解释事故所遵循的内在逻辑规律,探究事故发生源头及深层次原因,判断事故发展方向及演化趋势,从而将部分可控事故消灭在萌芽状态或有效控制在发展过程中。煤矿井下地质结构复杂,作业场所较地面而言危险性较高,作业环境是动态变化的,危险有害因素较多,需要时刻保持警惕。

煤矿安全系统包括人员子系统、装备子系统、环境子系统和管理子系统,宏观层面包括政府、社会和企业,纵横交错、相互耦合、共同作用,影响煤矿安全生产。基于煤矿瓦斯爆炸前兆信息知识库,煤矿瓦斯爆炸事故涉及煤矿固有风险、人的不安全行为、物的不安全状态、环境的不安全因素和管理缺陷五方面的风险因素,而这五方面因素的耦合类型主要有三种,分别为单因素耦合(5 种)、双因素耦合(10 种)和多因素耦合(16 种),共有 31 种耦合方式。

单因素耦合风险是指瓦斯动力系统中人、物、环、管各自同属性风险因素所属风险因子间交互作用所引发的风险,包括固-固耦合风险,人-人耦合风险,物-物耦合风险,管-管耦合风险,环-环耦合风险;双因素耦合风险是指瓦斯动力系统中固、人、物、环、管不同属性 2 个风险因素间交互作用所导致的风险,包括固-人耦合风险,固-物耦合风险,固-环耦合风险,固-管耦合风险,人-物耦合风险,人-环耦合风险,人-管耦合风险,物-环耦合风险,物-管耦合风险,环-管耦合风险;多因素耦合风险是指瓦斯动力系统中固、人、物、环、管不同属性 3 个或 3 个以上风险因素间交互作用所导致的风险,固-人-物耦合风险,固-人-环耦合风险,固-人-管耦合风险,固-物-环耦合风险,固-物-管耦合风险,固-环-管耦合风险,人-物-环耦合风险,人-物-管耦合风险,人-环-管耦合风险,物-环-管耦合风险,固-人-物-环耦合风险,固-人-物-管耦合风险,固-人-环-管耦合风险,固-物-环-管耦合风险,人-物-环-管耦合风险,固-人-物-环-管耦合风险。

从瓦斯爆炸事故发生的充要条件来看,瓦斯浓度超限、点火源和氧气的耦合化学反应导致爆炸事故发生,而导致瓦斯浓度超限、点火源出现的因素又涉及固、人、物、环、管等因素在时间与空间的耦合效应。瓦斯爆炸事故的发生大都是多因素局部耦合作用的结果,涉及的因素越多,耦合路径越复杂,事故发生的概率越大。一般情况下,固、人、物、环、管五类风险因素同时出现、完全耦合的情况相对较少,但是一旦出现,必定会造成严重后果。因此,在预防瓦斯爆炸事故发生时,要尽可能避免五类风险因素同时突破各自的风险阈值,发生交叉耦合。

4.2 瓦斯爆炸风险因素关联规则构建

4.2.1 基于数据挖掘的关联规则建模

1993 年,Agrawal 等首次提出关联规则的概念,经过各学者的大量研究,目前已成为数据挖掘(data mining,DM)领域应用最为广泛的方法之一。关联规则是反映一个事物与其他事物之间的相互依存性和关联性,规则挖掘过程主要包括两个阶段,首先基于最小支持度从原始资料集合中找到出现频率较高的项目组,然后再寻求高频项目组数据之间的相关性和数据的紧密性,产生关联规则。关联规则包含3个重要参数,即规则支持度、规则置信度和规则提升度。规则支持度指规则 $A \Rightarrow B$ 出现的频率,以此衡量规则的重要性;规则置信度和规则提升度均用来表示风险因素之间的关联性,以此衡量规则的可靠性,规则提升度是规则置信度的互补指标。通过探索风险因素之间及风险因素与瓦斯爆炸事故发生的关联规则,进一步明确瓦斯爆炸事故耦合风险的演化路径,获得影响瓦斯爆炸事故的关键风险耦合方式,为后续瓦斯爆炸耦合风险态势推演提供推理规则。

(1) 规则参数确定

① 规则支持度:同时包括项集 A 和项集 B 的事件在 D 总事件中占的百分比,即瓦斯爆炸事故中风险因子 A 和风险因子 B 同时出现的概率,其数学表达式如式(4.1)所示。支持度是 $A \Rightarrow B$ 出现的频率,若支持度较低,则说明该规则出现频率较低,不具有普适性,只是随机偶然发生,用来剔除无意义的规则,为后续瓦斯爆炸态势推演规则的确定提供理论基础。

$$\begin{aligned}\text{Support}(A \Rightarrow B) &= \frac{|\{T: A \cup B \subseteq T, T \subseteq D\}|}{|D|} \\ &= \text{Support}(A \cup B) = P(A \cup B) \end{aligned} \tag{4.1}$$

② 规则置信度:同时包括项集 A 和项集 B 的事件占仅包括项集 A 的事件的百分比,其数学表达式如式(4.2)所示。规则置信度越高,说明 A 出现时 B 出现的可能性越大,即 A 与 B 之间的关联性强。

$$\begin{aligned}\text{Confidence}(A \Rightarrow B) &= \frac{|T: A \cup B \subseteq T, T \in D|}{|T: A \subseteq T, T \in D|} \\ &= \frac{\text{Support}(A \Rightarrow B)}{\text{Support}(A)} = P(B \mid A) \end{aligned} \tag{4.2}$$

③ 规则提升度:反映关联规则中关键因素 A 与 B 的相关性,规则提升度大于1且越高,说明正相关性越强;规则提升度小于1且越低,说明负相关性越强;规则提升度等于1,说明两者之间无关联,相互独立。

$$\text{Lift}(A \Rightarrow B) = \frac{P(A,B)}{P(A)P(B)} = \frac{P(B \mid A)}{P(B)} = \frac{\text{Confidence}(A \Rightarrow B)}{P(B)} \tag{4.3}$$

④ 频繁项集和强关联规则

若项集的支持度大于设定的最小支持度,则该项集称为频繁项集;若 $A \Rightarrow B$ 的规则支持度和置信度均大于设定的最小支持度和置信度,称该规则为强关联规则。通过探索导致瓦斯爆炸发生的风险因素之间的强关联规则，重点管控强关联规则中风险因素的出现，进而减少瓦斯爆炸事故的发生。

(2) 样本数据统计

本书根据上述提取的二类前兆信息，从人、机、环境和管理四个方面对100起瓦斯爆炸事故案例进行致因匹配，并采用典型的关联规则算法——Carma算法，运用IBM SPSS Modeler软件对致灾风险因素进行关联性分析，明确导致瓦斯爆炸事故发生的频繁项集和强关联规则，部分样本数据如表4.1所列。

表4.1 瓦斯爆炸事故致因分析统计表

事故序号	人	机	环境	管理
1	B_1,B_2,B_3,B_6	C_1,C_2,C_3,C_4	D_3	E_1,E_3,E_5,Q_1,Q_3,F
2	B_1,B_2,B_4	C_1,C_2,C_3		E_1,E_2,E_5,F
3	B_2,B_3,B_6	C_2,C_3	A_1,D_2,D_4	E_2,E_5,E_6,F,Q_3
4	B_1,B_2	C_2	A_1,D_3	E_3,F,Q_3
5	B_2,B_7	C_3		E_3,F,S
6	B_2,B_6,B_7	C_1,C_2,C_3,C_4		E_4,E_5,E_6,Q_3,F
7	B_2	C_2,C_3,C_4		E_1,E_6,Q_3,F
8	B_2	C_3		Q_3
9			D_1,A_2	
10	B_2	C_3		E_1,Q_3,F
11	B_1,B_5,B_6	C_1	D_2	E_6,Q_2
12	B_1,B_2	C_2,C_3	A_1,A_2	E_2,E_5
13	B_1,B_2,B_4,B_5,B_6,B_7	C_1	D_3,D_4	E_1,E_5,E_6,Q_3
14	B_1,B_2,B_3,B_4,B_6	C_2,C_3,C_4		$E_1,E_2,E_3,E_5,E_6,Q_3,F$
15	B_1,B_2,B_5,B_6,B_7	C_2,C_3		$E_1,E_2,E_3,E_4,E_5,E_6,Q_3,F$
16	B_1,B_5	C_1,C_3	A_2,D_3	E_2,E_4,Q_3,F
17	B_2,B_4,B_5,B_6		D_1	E_3,E_4,E_5,E_6
18	B_2	C_2,C_3		E_6,Q_3
19	B_1,B_2	C_3		E_2,E_3,F
20		C_3		E_5,Q_3,F
21	B_2	C_3	D_2	Q_3,E_3
22	B_2,B_6,B_7	C_3		$E_2,E_3,E_5,E_6,Q_1,Q_3,F$
23	B_2,B_4		D_3	E_3,E_5,E_6,Q_3,F

表 4.1(续)

事故序号	人	机	环境	管理
24	B_2	C_2,C_3	A_1	E_1,E_2,E_4,E_6
25	B_1,B_2,B_5	C_1,C_2,C_3	D_2,D_4	E_1,E_2,E_3,E_4,E_6,Q_3,F
26	B_1,B_2	C_2		E_1,E_2,E_4,E_6
27	B_2,B_5,B_6,B_7	C_3		E_2,E_6,Q_3
28	B_1,B_2	C_1,C_2,C_3		E_1,E_3,E_4,E_5,E_6,Q_1,Q_3,F
29	B_1,B_2,B_3,B_6	C_1,C_3		E_1,E_3,E_5,Q_3,F
30	B_2	C_2,C_3		E_1,E_4,E_6,F

(3) 关联规则建模及运算

将瓦斯爆炸事故致因统计数据导入模型中,初步设置最小规则支持度和最小规则置信度,模型运行结果有 35 778 条关联规则;设置最小规则支持度为 10%,最小规则置信度为 80%,模型运行结果显示有 7 694 条关联规则;剔除支持度较小的规则,将支持度设置为 30%,其他条件不变,模型运行结果显示有 156 条强关联规则(运算结果见图 4.4);将支持度设置为 40%,其他条件不变,模型运行结果显示有 24 条强关联规则;将支持度设置为 50%,其他条件不变,模型运行结果显示有 12 条强关联规则;将支持度设置为 50%,置信度设置为 100%,根据模型运算结果,频繁项集有 28 项,强关联规则有 1 条。

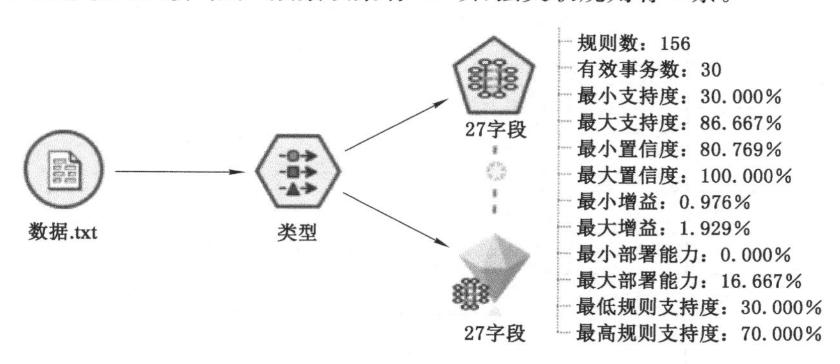

图 4.4 关联规则 Carma 建模流程

规则支持度较小,规则出现的频率较低,规则置信度较小,规则的可靠性较差,因此,设定最小规则支持度为 35%,最小规则置信度为 80%,根据模型运算结果(图 4.5),频繁项集有 128 项,部分频繁项集如表 4.2 所列;强关联规则有 38 条,部分强关联规则如表 4.3 所列。

- 规则数：128
- 有效事务数：30
- 最小支持度：36.667%
- 最大支持度：86.667%
- 最小置信度：42.308%
- 最大置信度：100.000%
- 最小增益：0.921%
- 最大增益：1.493%
- 最小部署能力：0.0%
- 最大部署能力：50.000%
- 最低规则支持度：36.667%
- 最高规则支持度：70.000%

- 规则数：38
- 有效事务数：30
- 最小支持度：36.667%
- 最大支持度：86.667%
- 最小置信度：80.769%
- 最大置信度：100.000%
- 最小增益：0.976%
- 最大增益：1.493%
- 最小部署能力：0.0%
- 最大部署能力：16.667%
- 最低规则支持度：36.667%
- 最高规则支持度：70.000%

图 4.5　模型运行结果

表 4.2　频繁项集

后项	前项	实例	支持度/%	置信度/%	规则支持度/%	增益/%
B_2	C_3	23	76.667	91.304	70.000	1.054
C_3	B_2	26	86.667	80.769	70.000	1.054
B_2	Q_3	20	66.667	90.000	60.000	1.038
Q_3	B_2	26	86.667	69.231	60.000	1.038
B_2	F	19	63.333	89.474	56.667	1.032
C_3	F	19	63.333	89.474	56.667	1.167
C_3	Q_3	20	66.667	85.000	56.667	1.109
Q_3	C_3	23	76.667	73.913	56.667	1.109
F	C_3	23	76.667	73.913	56.667	1.167
F	B_2	26	86.667	65.385	56.667	1.032
B_2	E_6	17	56.667	94.118	53.333	1.086
E_6	B_2	26	86.667	61.538	53.333	1.086
B_2	C_2	15	50.000	100.000	50.000	1.154
C_3	B_2 F	17	56.667	88.235	50.000	1.151
B_2	C_3 Q_3	17	56.667	88.235	50.000	1.018
C_3	B_2 Q_3	18	60.000	83.333	50.000	1.087
Q_3	F	19	63.333	78.947	50.000	1.184

表 4.3 强关联规则

后项	前项	实例	支持度/%	置信度/%	规则支持度/%	增益/%
B_2	C_3	23	76.667	91.304	70.000	1.054
C_3	B_2	26	86.667	80.769	70.000	1.054
B_2	Q_3	20	66.667	90.000	60.000	1.038
B_2	F	19	63.333	89.474	56.667	1.032
C_3	F	19	63.333	89.474	56.667	1.167
C_3	Q_3	20	66.667	85.000	56.667	1.109
B_2	E_6	17	56.667	94.118	53.333	1.086
B_2	C_2	15	50.000	100.000	50.000	1.154
C_3	B_2 F	17	56.667	88.235	50.000	1.151
B_2	C_3 Q_3	17	56.667	88.235	50.000	1.018
B_2	C_3 F	17	56.667	88.235	50.000	1.018
C_3	B_2 Q_3	18	60.000	83.333	50.000	1.087
B_2	E_1	13	43.333	100.000	43.333	1.154
B_2	E_3	13	43.333	100.000	43.333	1.154
B_2	C_2 C_3	13	43.333	100.000	43.333	1.154
B_2	E_5	14	46.667	92.857	43.333	1.071
C_3	C_2	15	50.000	86.667	43.333	1.130
B_2 C_3	C_2	15	50.000	86.667	43.333	1.238

4.2.2 单风险因素的条件支持度

单风险因素主要是指基于扎根理论提取的 27 个前兆信息，支持度是表明这 27 个前兆信息在以往瓦斯爆炸事故案例中出现的频率，称为条件支持度。

根据表 4.4 模型运算结果可知，风险因素 B_2(违反操作规程)、C_3(通风系统混乱)、Q_3(违法违规组织生产)、F(政府监督管理不到位)、E_6(技术管理不到位)、C_2(设备可靠性差)的支持度为 50%及以上，说明这 6 个风险因素导致瓦斯爆炸事故发生的概率较大。违反操作规程中违章爆破、停电停风作业、未检查瓦斯浓度、带电检修等违规行为较多；通风系统混乱主要包括矿井供风量不足、局部通风机关停或拉循环风、风筒布设距离远或材质不合要求等；违法违规组织生产主要包括超深越界开采、以检修为名组织生产、随意复工复产、以整改隐患为名组织生产等；政府监管不到位主要是指对于违法违规组织生产的矿井未及时关停；技术管理不到位包括瓦斯抽采方案不合理、未编制作业规程和安全技术措施、采用国家明令禁止的采煤方法等；设备可靠性差主要包括风、电闭锁和瓦斯、电闭锁装置缺乏，瓦斯传感器安设位置不当，监控数据不准确等。

表 4.4 瓦斯爆炸事故单因素条件支持度

人		机		环境		管理	
因素	支持度	因素	支持度	因素	支持度	因素	支持度
B_1	0.467	C_1	0.300	D_1	0.067	E_1	0.433
B_2	0.867	C_2	0.500	D_2	0.133	E_2	0.400
B_3	0.133	C_3	0.767	D_3	0.167	E_3	0.433
B_4	0.167	C_4	0.133	D_4	0.100	E_4	0.300
B_5	0.233			A_1	0.133	E_5	0.467
B_6	0.367			A_2	0.100	E_6	0.567
B_7	0.200					Q_1	0.067
						Q_2	0.033
						F	0.633
						Q_3	0.667

中观层次中管理缺陷的 6 个风险因素，条件支持度均高于 30%，在瓦斯爆炸事故案例中出现的频率由高到低依次是：E_6（技术管理不到位）>E_5（安全培训不到位）>E_3（安全责任制未落实）=E_1（资源管理不到位）>E_2（安全制度不健全）>E_4（安全检查不到位），说明在煤矿井下生产作业中，导致瓦斯爆炸事故发生的管理因素主要为技术管理不到位，直接影响井下采煤、掘进、瓦斯抽采、"一通三防"等工作的顺利展开。环境的 6 个风险因素，条件支持度均低于 20%，其中，D_3（密闭空间瓦斯积聚）出现的频率相较其他 5 个因素较高，主要是由于停电停风后未检测瓦斯浓度，开启通风机后立即作业或随意进入盲巷、老空区、采空区等停工区作业。

4.2.3 风险因素耦合的强关联规则

关联规则的前项是导致后项的原因，后项是前项的结果，在事故预防过程中，应重点关注强关联规则中的前项组合，避免因前项风险因素处理不当而促使风险等级提升或造成后项风险因素的产生，进一步加大瓦斯爆炸事故发生的概率。本节选取支持度大于35%，置信度大于80%的强关联规则进行分析，对风险因素之间的耦合作用关系（提升度-前项与后项）及风险因素对瓦斯爆炸事故的作用关系（支持度、置信度-风险因素共同出现）进行深入探究。

（1）双因素耦合的强关联规则

根据表4.5模型运算结果可知，异质双因素耦合关联规则较强的包括人-机耦合，人-管耦合和机-管耦合，单因素耦合关联规则较强的包括人-人耦合，机-机耦合和管-管耦合。人-机耦合强关联规则有6条，主要是B_2，C_2，C_3这3个风险因素之间的耦合，这3个风险因素两两出现以及3个因素同时出现的概率较大，具有较强的关联性；人-管耦合强关联规则有12条，主要是E_1，E_2，E_3，E_5，E_6，Q_3，F，B_2这8个因素之间的耦合，其中$\{Q_3 \Rightarrow B_2\}$，$\{F \Rightarrow B_2\}$，$\{E_6 \Rightarrow B_2\}$，$\{E_5 \Rightarrow B_2\}$，$\{E_1 \Rightarrow B_2\}$，$\{E_3 \Rightarrow B_2\}$，$\{Q_3, F \Rightarrow B_2\}$的规则支持度均高于40%；机-管耦合强关联规则有5条，主要是C_3，E_1，E_2，Q_3，F这5个风险因素之间的耦合，管理因素分别与C_3耦合以及Q_3，F共同与C_3耦合。从人-管耦合和机-管耦合的强关联规则可以得出，管理因素对于矿工违规行为的发生以及通风系统混乱具有较强的影响，关联性较强。因此，加强煤矿安全管理对于减少矿工的违规行为，保证通风系统的稳定运行具有重要作用。

表4.5　瓦斯爆炸事故双因素耦合关联性

人-机	支持度/%	置信度/%	提升度
$C_2 \Rightarrow B_2$	50.000	100.000	1.154
$C_2, C_3 \Rightarrow B_2$	43.333	100.000	1.154
$C_3 \Rightarrow B_2$	70.000	91.304	1.054
$C_2 \Rightarrow B_2, C_3$	43.333	86.667	1.238
$B_2, C_2 \Rightarrow C_3$	43.333	86.667	1.130
$B_2 \Rightarrow C_3$	70.000	80.769	1.054

人-人	支持度/%	置信度/%	提升度
$B_1 \Rightarrow B_2$	40.000	85.714	0.989

机-机	支持度%	置信度%	提升度
$C_2 \Rightarrow C_3$	43.333	86.667	1.130

管-管	支持度/%	置信度/%	提升度
$E_3 \Rightarrow F$	36.667	84.615	1.336

人-管	支持度/%	置信度/%	提升度
$E_1 \Rightarrow B_2$	43.333	100.000	1.154
$E_3 \Rightarrow B_2$	43.333	100.000	1.154
$E_6, Q_3 \Rightarrow B_2$	40.000	100.000	1.154
$E_6 \Rightarrow B_2$	53.333	94.118	1.086
$E_5 \Rightarrow B_2$	43.333	92.857	1.071
$Q_3 \Rightarrow B_2$	60.000	90.000	1.038
$Q_3, F \Rightarrow B_2$	43.333	86.667	1.298
$F \Rightarrow B_2$	56.667	89.474	1.032
$E_3, F \Rightarrow B_2$	36.667	100.00	1.154
$E_2 \Rightarrow B_2$	36.667	91.667	1.058
$E_3 \Rightarrow B_2, F$	36.667	84.615	1.493
$B_2, E_3 \Rightarrow F$	36.667	84.615	1.336

表 4.5(续)

机-管	支持度/%	置信度/%	提升度	机-管	支持度/%	置信度/%	提升度
$F \Rightarrow C_3$	56.667	89.474	1.167	$E_2 \Rightarrow C_3$	36.667	91.667	1.196
$Q_3, F \Rightarrow C_3$	43.333	86.667	1.130	$E_1 \Rightarrow C_3$	36.667	84.615	1.104
$Q_3 \Rightarrow C_3$	56.667	85.000	1.109				

同质双因素人-人耦合关联规则有一条，B_1（违反劳动纪律）和 B_2（违反操作规程），这两个风险因素同时出现的概率较高，但其提升度小于 1，前项与后项的关联性不强，从支持度与置信度分析，两者与瓦斯爆炸事故发生的关联性较强。机-机耦合强关联规则有一条，C_2（设备可靠性差）和 C_3（通风系统混乱），这两个风险因素同时出现的概率较高，关联性较强。管-管耦合强关联规则有一条，E_3（安全责任制未落实）和 F（政府监管不到位），其中，安全责任制未落实主要包括安全主体责任不落实和岗位责任落实不到位。另外，关联规则{$F \Rightarrow Q_3$}的规则支持度为 50%，置信度高于 75%，提升度为 1.184，说明政府监管不到位和违法组织生产两个风险因素同时出现的概率较高，具有较强的关联性。

（2）多风险耦合的强关联规则

根据表 4.6 模型运算结果可知，多因素耦合的强关联规则主要是人-机-管耦合，从风险因素之间的关联性考虑为 12 条强关联规则，从瓦斯爆炸事故角度分析为 8 条强关联规则。其中，支持度最高的两条关联规则为{B_2, C_3, F}和{B_2, C_3, Q_3}，其次是{B_2, C_3, E_6}，在这 3 条关联规则中，B_2 和 C_3 均出现，这两个风险因素和管理缺陷同时出现的可能性较高。从事故致因角度分析，说明违规行为和通风系统混乱是导致瓦斯爆炸事故发生的关键因素，而这两个风险因素很大程度上是由管理缺陷造成的，这三者具有较强的关联性。其余 5 条关联规则的支持度均为 36.667%，其中风险因素较多的关联规则为{B_2, C_3, Q_3, F}和{B_3, C_3, Q_3, F}。虽然关联规则{$C_3, Q_3, F \Rightarrow B_3$}的前项与后项的关联性不强，但从支持度和置信度分析，4 个风险因素导致瓦斯爆炸事故发生的概率较高，应重点关注。另外，资源管理不到位（安全人员配备不足、矿灯未统一管理、安全投入不足等）或技术管理不到位与通风系统混乱和违规行为出现的概率也较高，关联性强，应尽量控制。

表 4.6　瓦斯爆炸事故多因素耦合关联性

人-机-管	支持度/%	置信度/%	提升度	人-机-管	支持度/%	置信度/%	提升度
$B_2, F \Rightarrow C_3$	50.000	88.235	1.151	$C_2, F \Rightarrow B_2$	36.667	100.00	1.154
$C_3, Q_3 \Rightarrow B_2$	50.000	88.235	1.018	$C_3, E_1 \Rightarrow B_2$	36.667	100.00	1.154

表 4.6(续)

人-机-管	支持度/%	置信度/%	提升度	人-机-管	支持度/%	置信度/%	提升度
C_3,F⇒B_2	50.000	88.235	1.018	E_1⇒B_2,C_3	36.667	84.615	1.209
B_2,Q_3⇒C_3	50.000	83.333	1.087	B_2,E_1⇒C_3	36.667	84.615	1.104
C_3,E_6⇒B_2	40.000	100.000	1.154	B_2,Q_3,F⇒C_3	36.667	84.615	1.104
C_2,E_6⇒B_2	36.667	100.000	1.154	C_3,Q_3,F⇒B_3	36.667	84.615	0.976

4.3　基于强关联规则的风险演化路径

煤矿安全系统作为一个复杂系统,具有动态复杂性、适应性、自组织性、多样性、开放性、非线性、共同演化以及迅速均衡的特性。煤矿瓦斯爆炸事故的发生必须同时满足三个条件,这三个条件缺一不可。由于安全生产系统的适应性、自我调节能力和自我防御能力,当单个风险因素出现时,系统的自我调控能力会阻碍风险进一步发展,因此单个风险因素往往很难造成事故的发生。当风险出现耦合加强以及产生新的风险时,系统的自我防御能力失效或风险耦合阈值达到系统自控范围,当这三个条件同时满足时,瓦斯爆炸事故就会发生。

4.3.1　瓦斯爆炸风险演化特性研究

风险因素耦合演化到瓦斯爆炸事故之间的过程是复杂多变的,是非线性的映射关系。一系列低风险因素交叉耦合作用产生突变,造成耦合风险强度增加,达到风险阈值,或涌现出新的风险因素,这是分析瓦斯爆炸风险耦合演化过程的关键点。突变主要是从瓦斯爆炸事故演化过程中耦合风险值的变化考虑,而涌现则是从风险耦合导致新的风险因素产生的角度进行分析。涌现现象的产生取决于系统风险因素之间的耦合因果关系,由于前项风险因素管控失效,导致新的风险因素或事件出现,即关联规则中后项风险因素的产生。

突变理论是由法国数学家勒内·托姆(René Thom)于 1972 年提出的,被用来认识和预测复杂的系统行为。运用数学工具描述系统状态的飞跃,给出系统处于稳定态的参数区域,参数变化时,系统状态也随之变化,当参数超过某些特定数值时,状态就会发生突变。瓦斯爆炸事故的发生是风险因素耦合作用的结果,以往对于瓦斯爆炸事故的预防只是从单风险因素的角度考虑,将风险因素控制在相应的阈值范围内,但风险因素一旦发生耦合作用,尽管各个单风险因素均未超过自身风险阈值,瓦斯爆炸事故依旧发生。

煤矿瓦斯爆炸事故的演化过程具有动态性和非线性，无法用准确的数学公式来表示。根据非线性科学中的突变理论，煤矿瓦斯爆炸事故演化可用尖点突变模型获得其风险耦合演化特性。尖点突变模型适用于一个状态参数，两个控制变量的情况，系统状态参数 x 反映系统瓦斯爆炸的风险水平；两个控制变量分别是“人因” $v=f_v(v_1,v_2,v_3,\cdots,v_n)$（人的不安全行为和管理缺陷）和“物因” $u=f_u(u_1,u_2,u_3,\cdots,u_m)$（固有风险，机械设备的不安全状态和环境的不安全因素），如图 4.6 所示。

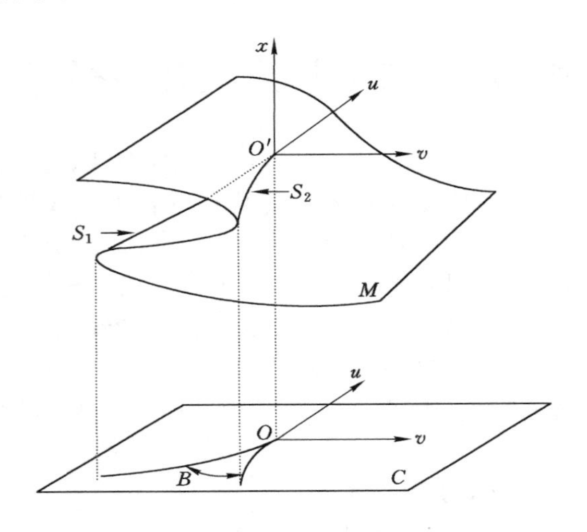

图 4.6 瓦斯爆炸事故演化尖点突变模型

在图 4.6 中，上部为平衡曲面，下部为平衡曲面在平面上的投影。平衡曲面分为上、中、下三叶，而三叶之间的折痕则为分歧点集 S。突变流形代表系统瓦斯爆炸风险水平在不同位置时的变化情况，三叶代表了可能的三个平衡位置。上、下两叶属于稳定区域；中叶属于不稳定区域。瓦斯爆炸事故的演化是从渐变到突变的过程，“人因”和“物因”交叉耦合使得系统状态参数发生突变进而导致事故的发生。

结合瓦斯爆炸事故的关联规则，则要管控规则中的前项风险因素，避免因前项风险管控不到位而导致后项风险因素产生，使得系统处于不稳定状态。后项风险因素的风险等级提升，则导致系统状态发生突变，纵使后项风险因素的等级未发生变化，系统仍处于不稳定区域，极易受其他因素的影响。通过研究系统的不稳定区域，使控制变量的运动轨迹绕过分歧点集，避免瓦斯爆炸事故的发生，对于管控瓦斯爆炸的耦合风险具有重要意义。不同的风险因素在时空交叉耦合导致瓦斯浓度超限并产生火源，进而引起瓦斯爆炸事故发生。根据第3章前兆信息知识库中的单因素风险，运用逻辑推理方法，结合多因素耦合的突变与涌现特征，明确煤矿瓦斯爆炸事故的演化过程，如图4.7所示。

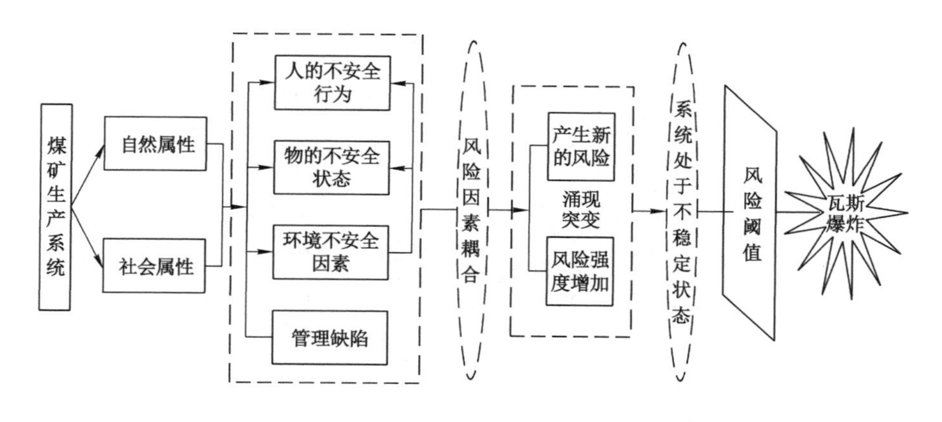

图4.7 煤矿瓦斯爆炸风险耦合演化过程

4.3.2 瓦斯爆炸风险演化路径构建

复杂网络是对复杂系统进行刻画和分析的有效手段，该网络具有复杂的拓扑结构和动力学行为。复杂网络是由大量节点和表征节点间复杂关系的边所构成的网络结构，其中网络的节点代表系统的各个构成因素及其特征属性，节点之间的边表示各因素之间的相互作用关系。对一个具体的网络而言，可以用节点集V和边集E组成的图$G(V,E)$来表示。本书通过强关联规则挖掘，将瓦斯爆炸事故演化过程中出现频率较低，可靠性较差的弱关联规则过滤，然后运用复杂网络分析方法，将强关联规则的前项和后项作为网络中的节点；前项和后项的相互因果关系用节点间的边表示；强关联规则的提升度作为边权重，构建瓦斯爆炸风险耦合演化路径，如图4.8所示。

根据图4.8可知，基于强关联规则的复杂网络图共包含27个节点，44条边，网络直径为2，表示网络中任意两节点最短距离的最大值为2；平均度为1.63，表示每个节点约连接2条边。节点的入度表示直接致因，出度表示间接致因，综合度为入度和出度之和。节点越大，说明综合度值越高，风险因素为关键因素(B_2违反操作规程、C_3通风系统混乱、Q_3违法违规组织生产、F政府监管不到位、C_2设备可靠性差)。节点的关联程度通过有向边的粗细体现，有向边越粗表示节点间关联程度越深，例如F政府监管不到位与Q_3违法违规组织生产之间存在较强的关联性。

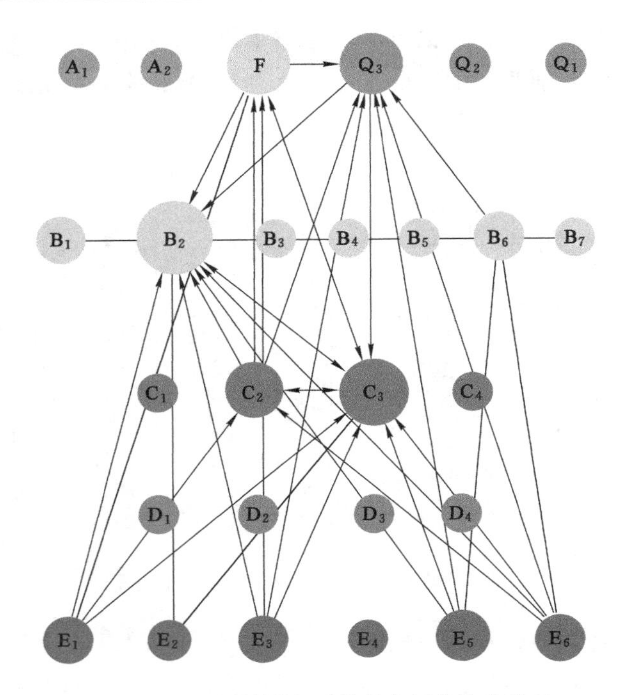

图 4.8　基于强关联规则的复杂网络演化路径

4.4　本章小结

本章通过分析瓦斯爆炸风险耦合方式及类型，根据瓦斯爆炸事故的演化特性，运用数据挖掘技术和复杂网络方法，从固-人-机-环-管 5 个维度探索导致瓦斯爆炸事故发生的关联规则，构建基于强关联规则的复杂网络演化路径，为后续瓦斯爆炸耦合风险态势推演提供推理规则。主要得出以下结论：

(1) 结合事故演化及风险耦合理论，明确瓦斯爆炸事故演化过程中主要包括共力耦合、互力耦合和驱力耦合 3 种方式，一起瓦斯爆炸事故的发生往往是 3 种耦合共同作用的结果。基于前兆信息知识库，通过案例统计分析，得到瓦斯爆炸风险因素的耦合类型共有 30 种，主要包括单因素耦合、双因素耦合和多因素耦合。

(2) 通过对瓦斯爆炸风险因素进行关联规则分析，单风险因素违反操作规程(0.867)、通风系统混乱(0.767)、违法违规组织生产(0.667)、政府监管不到位(0.633)、技术管理不到位(0.567)、设备可靠性差(0.500)的支持度均达到 50% 及以上，说明这 6 个风险因素在瓦斯爆炸事故案例中出现的频次较高；单因素耦合强关联规则有 3 条,即{B_1,B_2},{$C_2 \Rightarrow C_3$},{$E_3 \Rightarrow F$}。

(3) 双因素耦合强关联规则:人-机耦合强关联规则有 6 条,主要是 B_2,C_2,C_3 这 3 个风险因素之间的耦合,这 3 个风险因素两两出现以及 3 个因素同时出现的频次较高,具有较强的关联性;人-管耦合强关联规则有 12 条,其中{$Q_3 \Rightarrow B_2$},{$F \Rightarrow B_2$},{$E_6 \Rightarrow B_2$},{$E_5 \Rightarrow B_2$},{$E_1 \Rightarrow B_2$},{$E_3 \Rightarrow B_2$},{Q_3,$F \Rightarrow B_2$}的规则支持度均高于 40%;机-管耦合强关联规则有 5 条,主要是 E_1,E_2,Q_3,F 与 C_3 耦合。

(4) 多因素耦合强关联规则:人-机-管耦合强关联规则有 8 条,其中,支持度最高的两条关联规则为{B_2,C_3,F}和{B_2,C_3,Q_3},其次是{B_2,C_3,E_6},在这 3 条强关联规则中,B_2 违反操作规程和 C_3 通风系统混乱均出现,说明这两个风险因素和管理缺陷同时出现的可能性较高,需要重点关注。

(5) 根据瓦斯爆炸风险因素的耦合作用分析,结合关联规则与复杂网络方法,构建了基于强关联规则的复杂网络演化路径。该网络图包括 27 个节点和 44 条边,网络直径为 2,平均度为 1.63。B_2,C_3,Q_3 等因素的节点较大,综合度值高,说明这几个风险因素在瓦斯爆炸事故演化过程中出现频率最高,发挥关键作用。

5 煤矿瓦斯爆炸多因素耦合风险分级度量方法

煤矿瓦斯爆炸事故演化过程中风险因素的耦合作用导致系统耦合风险发生变化，因此，耦合风险的定量化表述及分级度量是解决瓦斯爆炸态势推演的关键。本章基于风险矩阵法，根据单因素风险分级度量标准及风险值计算公式，结合风险因素的功效系数及风险耦合度，提出瓦斯爆炸多因素耦合风险分级度量方法，为后续态势推演的研究提供基于耦合风险值的判定方法。

5.1 瓦斯爆炸单因素风险分级标准

5.1.1 风险可接受准则

可接受风险是指预期风险事故的最大损失程度在单位或个人经济能力和心理承受能力的最大限度之内。依据风险导致事故发生的可能性及事故后果的严重程度，国内外针对各国的实际情况制定衡量风险可接受程度的标准，用于识别风险的严重程度，并遵循 ALARP(as low as reasonably practicable，最低合理可行原则)规定风险上限和下限的取值，即风险可接受准则[168]。风险是必然存在的，不能完全消除，只能降低其风险值，该原则的主要思想是将风险限定在一个合理的、可接受的水平上，根据风险影响因素，经过优化，将不可接受风险降低到可接受范围内，寻求出最佳风险管控方案。

瓦斯爆炸事故是煤矿中影响最大、破坏性最强的事故，一旦发生将会产生高温、高压、冲击波，并放出有毒有害气体，往往造成巨大的人员伤亡和财产损失，在应急救援过程中，如果处置不当，还会引发二次爆炸，造成事故扩大。根据瓦斯爆炸的机理条件，瓦斯爆炸在煤矿井下极易发生，特别是高瓦斯矿井和煤与瓦斯突出矿井，瓦斯涌出量较大，通风系统出现任何问题都有可能导致瓦斯浓度超限，一旦遇上矿灯失爆、电缆明接头、带电作业、爆破火花等点火源，就会发生瓦斯爆炸事故。为预防瓦斯爆炸事故的发生，需要时刻监测瓦斯浓度，一旦超限务必采取应对措施，及时撤离；作业中应规范操作，尽可能避免火源出现。除此之外，需要从可能造成瓦斯浓度超限及出现点火源的风险因素进行管控，井下风险因素较多，无法完全避免，只有尽可能降低风险值，避免隐患出现，这就涉及风险可接受准则，主要包括三个层次，风险的可接受区间、不可接受区间以及临界值或预警值。单因素风险水平易察觉，在可接受水平范围内能够较好管控，但多因素耦合风险值不易察觉，往往是由于几个风险值较低的因素演化为事故隐患，在某个时空交叉、共同作用导致事故的发生。因此，采掘工作中既需要掌握单因素风险值，又要明确多因素耦合风险值，务必将风险值控制在可接受水平。

根据《煤矿安全规程》规定，采掘工作面的进风流中，氧气浓度不低于20%，瓦斯浓度的临界值是1%，一旦超过1%，必须立即停止作业，撤出人员，采取措施，进行处理；电焊、气焊和喷灯焊接等工作地点的风流中，甲烷浓度不得超过0.5%；井下严禁抽烟，严禁使用灯泡和电炉取暖。对于预防火源的出现，风险可接受水平就是严格禁止；其他风险因素的可接受水平，务必严格按照《煤矿安全规程》中的相关规定。

在日常安全检查中，坚决杜绝明令禁止的行为，采用淘汰的采煤方法、越界生产、违法违规组织生产、违章爆破、停工停风后随意复工，这些风险因素在瓦斯爆炸事故案例中出现较多，且对瓦斯爆炸事故的发生影响较大，均为不可接受风险，因此必须加强监管，严格管控。对于不可接受风险一律采取“一现否决”的原则，即一旦不可接受风险因素出现，务必采取应对措施进行处理。

5.1.2　单因素风险等级确定

（1）直接判定

根据《国务院关于预防煤矿生产安全事故的特别规定》及《煤矿重大事故隐患判定标准》，与煤矿瓦斯爆炸事故相关的重大隐患包括：

① 超能力、超强度或者超定员组织生产；

② 瓦斯超限作业；

③ 煤与瓦斯突出矿井，未依照规定实施防突出措施；

④ 高瓦斯矿井未建立瓦斯抽采系统和监控系统，或者系统不能正常运行；

⑤ 通风系统不完善、不可靠；

⑥ 超层越界开采；

⑦ 自然发火严重，未采取有效措施；

⑧ 使用明令禁止使用或者淘汰的设备、工艺；

⑨ 其他重大事故隐患。

未按国家规定进行瓦斯等级鉴定，或者虚假鉴定；图纸作假、隐瞒采掘工作面，提供虚假信息、隐瞒下井人数，或者矿长、总工程师（技术负责人）履行安全生产岗位责任制及管理制度时伪造记录，弄虚作假的；矿井未安装安全监控系统、人员位置监测系统或者系统不能正常运行，以及对系统数据进行修改、删除及屏蔽的。

综上，煤矿井下一旦出现重大安全生产隐患和行为的，应当立即停止生产，排除隐患，这些重大安全生产隐患均为不可接受风险，直接判定为重大风险因素。

根据《国家矿山安全监察局关于进一步严厉打击煤矿严重违法违规生产建设行为的通知》（矿安〔2021〕124 号）所列的 19 项重点整治内容，和瓦斯爆炸事故相关部分内容与重大隐患一致，除此之外，将其余相关内容直接判定为较大风险因素，包括：未经批准擅自组织生产建设的；拒不执行安全生产监管监察指令的；隐蔽致灾因素不清、重大风险没有管控措施冒险作业的；隐瞒作业地点的；违规爆破、动火作业的；违法违规承包分包转包、以包代管的；火区、高冒区、采空区等管控治理和密闭管理不符合规定的；已公示列入淘汰退出名单应淘汰退出，仍以"过渡期""回撤期"名义违规组织生产的；假整合、假技改，以整合技改名义违规组织生产的；主要负责人履行法定安全生产管理职责不到位的；企业安全生产责任制不完善、不落实的；安全管理机构设置和安全管理人员配备不符合规定的；未严格执行矿领导带班下井制度的；未按规定对井下作业人员进行安全教育和培训，或者特种作业人员无证上岗的。

（2）风险矩阵法判定

目前，煤炭、建筑等行业最常用的风险分级方法是风险矩阵法，该方法将风险等级划分为低风险、一般风险、较大风险和重大风险四级。其中，风险值(R)＝可能性(L)×后果严重性(S)。针对煤矿各类风险因素进行风险矩阵分析，基于历史事故案例统计规律的外延预测方法，并参考国内外相关研究，科学分析各类风险因素导致事故发生的可能性和后果严重程度，评估风险级别。单因素风险评估等级判别标准如表 5.1 所列。

表 5.1　单因素风险评估等级判别标准

风险矩阵		导致事故后果的严重性等级(S)				
		1:无伤害	2:轻微	3:一般	4:严重	5:灾难性
导致事故发生的可能性等级(L)	1:不可能	低风险	低风险	低风险	低风险	低风险
	2:可能性小	低风险	低风险	低风险	低风险	一般风险
	3:可能但不经常	低风险	低风险	一般风险	一般风险	较大风险
	4:相当可能	低风险	低风险	一般风险	较大风险	重大风险
	5:完全可以预料	低风险	一般风险	较大风险	重大风险	重大风险

选择煤矿井下有经验的5位安全管理人员，根据风险矩阵法，确定单因素的风险值及风险等级，结合直接判定情况，单因素风险评估结果包括51个重大风险，36个较大风险，25个一般风险和17个低风险。

5.2 基于G1-EWM的单因素权值确定

5.2.1 数据无量纲化

煤矿瓦斯爆炸前兆信息中存在定性指标和定量指标，且定量指标量化标准不一致，为了对瓦斯爆炸事故风险进行定量化耦合演化分析，本书通过选取可测量的指标对定性指标进行量化，并将定量指标无量纲化。

(1) 定性因素定量化

煤矿安全系统是一个复杂系统，由于煤矿生产过程中各子系统之间以及系统与外界环境之间的相互关系复杂多变，因此影响煤矿安全生产的因素众多，根据其结构概念模型，将这些因素分为“人因”和“物因”，这里的“人因”包括操作和管理，“物因”包括机械设备、技术方法、环境等。在这些因素中，存在定性因素和定量因素，为了方便后续的计算评估，需要将定性因素定量化，目前多采用的方法是现场调研、问卷调查和专家打分法，该方法具有一定的主观性，误差较大。因此，本书借鉴结构方程模型中的潜变量和测量变量，将从侧面对定性因素进行测量，选取定性指标的可测量指标。例如：测量矿工的安全意识，将从矿工的操作情况、违章现象等方面进行测量；测量矿工的安全技能水平，将从矿工的安全培训、技能考核以及操作的规范性方面进行测量；测量矿工的安全责任感，将从矿工的日常表现，遇到安全问题及时上报情况，参与安全工作积极性，对待工作认真负责方面进行测量，如表5.2所列。虽然无法做到将指标完全定量化，但尽可能降低了主观性。

表5.2 瓦斯爆炸风险定性指标定量化

序号	定性指标	定量测量	标准
1	瓦斯积聚	瓦斯浓度	浓度/%
2	点火源	存在火源	是否存在[0,1]
3	安全培训	培训频次	合格率/%
		受教育程度	高中及以上占比/%
		培训内容	匹配度/%

表 5.2(续)

序号	定性指标	定量测量	标准
4	通风系统混乱	通风设备故障	故障率/%
		供需风量	差异率/%
5	设备缺失	缺失数量	差异率/%
6	设备可靠性	设备合格	合格率/%
7	安全技能	技能考核	合格率/%
8	安全认知	知识考试	合格率/%
9	安全责任意识	安全参与、违章行为	合格率/%
10	资源管理	人员配备、设备管理、安全投入	达标率/%
11	安全制度	执行不到位	执行率/%
		制度缺项占比	达标率/%
12	安全主体责任	未执行或执行不到位	达标率/%
13	安全检查	隐患排查情况(点、线、面)	覆盖率/%
		隐患整改情况	整改率/%

(2) 定量因素无量纲化

为保证各指标取值大小无质的差异,数据反映的情况一致,需要对风险指标进行无量纲化处理,主要包括四种形式,即效益型、成本型、区间型和固定型指标无量纲化,具体方法如下:

① 效益型风险因素

效益型风险因素是指风险因素取值越大,系统安全性越高,即效益型风险因素与系统安全性成正相关关系,例如:顶板结构、安全技能水平、安全责任意识、安全认知能力、安全检查、安全培训等因素,其无量纲化方法如下式:

$$x_i^* = \frac{x_i - x_i^{\min}}{x_i^{\max} - x_i^{\min}} \tag{5.1}$$

式中 x_i^* ——经过无量纲化处理的第 i 个风险因素的指标值;

x_i——第 i 个风险因素的指标值;

$x_i^{\max}$——第 i 个风险因素的最大指标值;

$x_i^{\min}$——第 i 个风险因素的最小指标值。

② 成本型风险因素

成本型风险因素是指风险因素取值越大,系统安全性越低,即成本型风险因素与系统安全性成负相关关系,例如:瓦斯涌出量、自燃倾向性、违反劳动纪律、违反操作规程等因素,其无量纲化方法如下式:

$$x_i^* = \frac{x_i^{\max} - x_i}{x_i^{\max} - x_i^{\min}} \tag{5.2}$$

③ 区间型风险因素

区间型风险因素是指风险指标取值在规定区间范围内为最佳，安全性或危险性最高，例如：瓦斯浓度，爆炸条件一般为5%～16%，低于5%或高于16%遇火不会发生爆炸。区间型风险因素的无量纲化方法如下式：

$$x_i^* = \begin{cases} 1 - \dfrac{x_i^{01} - x_i}{\max\{x_i^{01} - x^{\min}, x_i^{\max} - x_i^{02}\}}, x_i < x_i^{01}; \\ 1, x_i \in [x_i^{01}, x_i^{02}]; \\ 1 - \dfrac{x_i - x_i^{02}}{\max\{x_i^{01} - x^{\min}, x_i^{\max} - x_i^{02}\}}, x_i > x_i^{02}; \end{cases} \tag{5.3}$$

式中 $[x_i^{01}, x_i^{02}]$——风险因素的最佳稳定区间。

④ 固定型风险因素

固定型风险因素是指风险指标取值为固定值，其无量纲化方法如下式：

$$x_i^* = 1 - \frac{|x_i - x_i^0|}{\max|x_i - x_i^0|} \tag{5.4}$$

式中 x_i^0——第 i 个风险因素的最佳固定值。

5.2.2 权值计算过程

目前常用的指标赋权方法主要包括专家打分法、层次分析法、熵权法、因子分析法、数据包络分析法、相关系数法、均方差法等主观赋权法和客观赋权法。无论是哪种赋权方法，都存在一定的弊端，为了提高赋权的精确度与可信度，通常选取几种互补的赋权方法进行权重确定，称为组合赋权法。组合赋权法具有一定的优势，既能利用专家经验和知识体现指标的重要性，又能从客观的角度分析指标数据之间的关系，优化风险指标的权重分配，提高评价结果的可信度。综合考虑各赋权方法的优缺点，本书选取序关系分析法(G1)和熵权法(EWM)进行权重计算。G1法计算权重，其主观性较强，为有效降低主观偏好对评价结果的影响，运用熵权法对G1法进行修正得到指标的综合权重。

(1) G1法

G1法是一种主观赋权方法，与层次分析法的区别在于G1法在确定指标权重时无须进行一致性检验，可操作性强。计算步骤如下：

① 二级指标重要度排序

基于前兆信息知识库，由于二类前兆信息中政府监管属于外部环境影响，这里只考虑企业内部因素的影响权值，故包含5个一级指标和26个二级指标，将各一级指标下面所属的二级指标进行重要度排序，确定序关系：$u_1 > u_2 > u_3 > \cdots > u_n$。

对一级评价指标人的不安全行为所属的7个二级指标进行重要度排序，记作：

$b_1^* > b_2^* > b_3^* > \cdots > b_n^*$，依次对其他一级指标所属的二级指标进行重要度排序。

② 相邻指标重要度赋比

专家根据经验对相邻指标 u_{k-1} 和 u_k 的相对重要程度进行赋值，即相邻指标重要度的比值，如式(5.5)所示，其中 r_{k-1} 和 r_k 需满足式(5.6)的数量约束，赋值规则如表 5.3 所列。

$$r_k = \frac{u_{k-1}}{u_k} \tag{5.5}$$

$$r_{k-1} > \frac{1}{r_k}, k = n, n-1, \cdots, 3, 2 \tag{5.6}$$

表 5.3　重要度比值赋值规则

r_k	说明
1.0	指标 u_{k-1} 与 u_k 同等重要
1.2	指标 u_{k-1} 比 u_k 稍微重要
1.4	指标 u_{k-1} 比 u_k 明显重要
1.6	指标 u_{k-1} 比 u_k 强烈重要
1.8	指标 u_{k-1} 比 u_k 极度重要
1.1,1.3,1.5,1.7	上述判断的中间值

③ 权重系数计算

权重系数的确定需要邀请相关专家对指标进行赋值，存在一定的主观性，为了提高赋值的可靠性，在选择专家时充分考虑其现场工作及检查经验。因此，本书选择长期从事井下工作的安监员 2 名，煤矿安全管理领域的专家 2 名，煤矿中层管理者 1 名和一线矿工 1 名。根据专家赋值 r_k，序关系对应的指标权重系数可用式(5.7)和式(5.8)计算得到。

$$w_n = \frac{1}{1 + \sum_{k=2}^{n} \prod_{i=k}^{n} r_i} \tag{5.7}$$

$$w_{k-1} = r_k w_k, k = n, n-1, \cdots, 3, 2 \tag{5.8}$$

式中　w_{k-1} ——第 $k-1$ 个评价指标的权值。

(2) EWM 法

EWM 法是一种客观赋权方法，在指标评价过程中，所获信息的大小是评价精度和可靠性的决定因素之一，如果指标的信息熵越小，该指标提供的信息量越大，在综合评价中所起作用也越大，权重也越高，反之则越小。计算步骤如下：

① 构建评价矩阵

m 个样本，n 个评价指标：$\boldsymbol{F} = (f_{ij})_{n \times m}$

② 矩阵标准化处理

$$F^* = (\overline{f_{ij}})_{n\times m}，其中\ \overline{f_{ij}} = \frac{f_{ij}}{\sum_{i=1}^{n} f_{ij}}(1 \leqslant i \leqslant m, 1 \leqslant j \leqslant n)。$$

③ 计算指标的信息熵

$$H_j = -k\sum_{i=1}^{n} \overline{f_{ij}} \ln \overline{f_{ij}}(1 \leqslant i \leqslant m, 1 \leqslant j \leqslant n)，其中\ k = (\ln n)^{-1}。$$

④ 计算指标的熵权

$$E_j = \frac{1 - H_j}{\sum_{j=1}^{n}(1 - H_j)}, j = 1,2,3,\cdots,n$$

(3) 组合赋权法

根据式(5.9)，将G1法和EWM法计算的权重进行组合，得到指标的综合权重。

$$\eta_j = \frac{e_j w_j}{\sum_{j=1}^{n} e_j w_j}, j = 1,2,3,\cdots,n \qquad (5.9)$$

5.2.3 综合权值确定

(1) 一级指标权重

① G1法计算权重

根据专家对一级指标的重要度排序，序关系为：$E > B > C > D > A$。

令 $u_1^* = E, u_2^* = B, u_3^* = C, u_4^* = D, u_5^* = A$，则有 $u_1^* > u_2^* > u_3^* > u_4^* > u_5^*$；

$$r_2 = \frac{u_1^*}{u_2^*} = 1.1, r_3 = \frac{u_2^*}{u_3^*} = 1.2, r_4 = \frac{u_3^*}{u_4^*} = 1.4, r_5 = \frac{u_4^*}{u_5^*} = 1.4;$$

$$r_2 r_3 r_4 r_5 = 2.5872, r_3 r_4 r_5 = 2.352, r_4 r_5 = 1.96;$$

$$w_5 = \frac{1}{1 + 8.2992} = 0.1075, w_4 = r_5 w_5 = 0.1506, w_3 = r_4 w_4 = 0.2108,$$

$$w_2 = r_3 w_3 = 0.2529, w_1 = r_2 w_2 = 0.2782。$$

因此，运用G1法计算煤矿固有风险、人的不安全行为、物的不安全状态、环境的不安全因素和管理缺陷的权重系数分别为(0.107 5，0.252 9，0.210 8，0.150 6，0.278 2)。

② EWM法计算权重

邀请上述选取的6位煤矿安全领域专家，根据某矿安全生产系统的安全状况，结合表5.2定性指标定量化处理方式，对26个二级指标进行评估打分，评分范围为1～10，分值越高安全性越高，评价矩阵 **F** 如下：

$$
\boldsymbol{F}=\begin{bmatrix}
6&7&3&2&5&5&2&4&3&5&6&7&5&5&5&3&6&3&6&2&3&8&5&5&6&6\\
4&8&3&1&6&4&4&5&4&6&5&5&6&6&6&4&5&2&7&6&4&7&6&8&7&7\\
6&6&4&4&6&4&3&4&2&6&5&5&5&5&5&3&5&3&5&4&5&7&4&6&5&8\\
5&6&5&2&5&5&1&3&1&6&6&7&6&6&5&3&7&4&7&3&2&6&4&7&6&5\\
4&7&3&3&7&3&3&4&4&5&7&5&4&5&6&3&6&6&5&4&6&7&5&6&4&6\\
5&6&4&2&6&4&2&6&5&6&6&7&7&5&6&4&5&2&8&5&4&6&3&6&6&4
\end{bmatrix}
$$

运用 EWM 法计算得到煤矿瓦斯爆炸一级指标的权重系数，结果如表 5.4 所列。

表 5.4　煤矿瓦斯爆炸一级指标权重

一级指标	信息熵值	信息效用值	权重系数
煤矿固有风险	0.999 2	0.000 8	11.15%
人的不安全行为	0.997 8	0.002 2	32.02%
物的不安全状态	0.998 5	0.001 5	21.48%
环境的不安全因素	0.999 2	0.000 8	11.74%
管理缺陷	0.998 4	0.001 6	23.61%

③ 综合权重

根据式(5.9)，计算一级指标的综合权重为(0.054 1，0.365 4，0.204 3，0.079 8，0.296 4)。

(2) 二级指标权重

同理，采用 G1 法和 EWM 法分别计算二级指标权重，根据式(5.9)将两组权重组合计算得到二级指标的综合权重，结果如表 5.5 所列。

表 5.5　煤矿瓦斯爆炸二级指标权重

一级指标	二级指标	G1 法	EWM 法	综合权重
煤矿固有风险 0.054 1	煤层瓦斯涌出量 A_1	0.545 5	0.686 5	0.724 4
	煤层自燃倾向性 A_2	0.454 5	0.313 5	0.275 6
人的不安全行为 0.365 4	违反劳动纪律 B_1	0.221 9	0.061 8	0.088 8
	违反操作规程 B_2	0.342 3	0.250 8	0.556 0
	安全技能不足 B_3	0.054 5	0.021 4	0.007 6
	安全认知差错 B_4	0.064 2	0.042 9	0.017 8
	矿工生理心理 B_5	0.171 9	0.071 7	0.079 8
	安全意识薄弱 B_6	0.092 6	0.239 7	0.143 8
	违章指挥 B_7	0.052 6	0.311 7	0.106 2

表 5.5(续)

一级指标	二级指标		G1 法	EWM 法	综合权重
物的不安全状态 0.204 3	设备缺失 C_1		0.151 6	0.102 4	0.052 4
	设备可靠性差 C_2		0.149 8	0.200 1	0.101 2
	通风系统混乱 C_3		0.413 4	0.404 2	0.564 0
	电气设备失爆 C_4		0.285 2	0.293 3	0.282 4
环境的不安全因素 0.079 8	巷道堵塞 D_1		0.212 1	0.146 6	0.151 9
	瓦斯异常涌出 D_2		0.537 4	0.158 3	0.415 6
	密闭空间瓦斯积聚 D_3		0.155 5	0.371 5	0.282 3
	地质构造变化 D_4		0.095 0	0.323 6	0.150 2
管理缺陷 0.296 4	企业层面	组织机构不健全 Q_1	0.122 6	0.223 4	0.070 2
		重生产轻安全 Q_2	0.320 2	0.294 6	0.241 7
		违法违规组织生产 Q_3	0.557 2	0.482 0	0.688 1
	工作层面	资源管理不到位 E_1	0.124 4	0.342 6	0.251 5
		安全制度不健全 E_2	0.163 6	0.066 5	0.064 1
		安全责任制未落实 E_3	0.293 8	0.234 7	0.406 8
		安全检查不到位 E_4	0.124 4	0.234 7	0.172 3
		安全培训不到位 E_5	0.146 9	0.021 8	0.018 9
		技术管理不到位 E_6	0.146 9	0.099 7	0.086 4

5.3 多因素耦合风险分级度量及评判

5.3.1 云模型计算

云模型是由中国工程院院士李德毅于 1995 年提出的，此模型可以用来处理定性概念与定量描述的不确定转换问题，能更好地分析评价指标的随机性、模糊性和不确定性。云模型主要是用期望 E_x，熵 E_n 和超熵 H_e 这三个数字特征值来表示的。云模型包括正向云发生器和逆向云发生器，正向云发生器主要是将定性概念定量化，运用专家打分法，将计算得出的(E_x，E_n，H_e)进行合理性检验，判断专家打分和实际情况是否相符；逆向云发生器是将定量的数值转化为概念，运用 MATLAB 软件将(E_x，E_n，H_e)绘制成云滴图，以此判断概念的隶属程度。云模型特征值的求解公式如下：

① E_x 代表定性概念的云图，描述云滴图的重心，计算公式如下：

$$E_x = \overline{X} = \frac{1}{n}\sum_{i=1}^{n} X_i \tag{5.10}$$

② E_n 度量定性概念的随机性,反映云滴的离散程度,代表定性概念的模糊性,计算公式如下:

$$E_n = \sqrt{\frac{\pi}{2}}\,\frac{1}{n}\sum_{i=1}^{n} |X_i - E_x| \tag{5.11}$$

③ H_e 度量熵的不确定性,计算公式如下:

$$S^2 = \frac{1}{n-1}\sum_{i=1}^{n} (x_i - \overline{x})^2 \tag{5.12}$$

$$H_e = \sqrt{S^2 - E_n^2} \tag{5.13}$$

根据上述专家的打分结果,计算云模型的数字特征(E_x,E_n,H_e),如表 5.6 所列。

表 5.6　瓦斯爆炸风险因素云模型数字特征

指标	专家打分						(E_x,E_n,H_e)
煤层瓦斯涌出量 A_1	6	4	6	5	4	5	(5.000 0,0.835 6,0.319 0)
煤层自燃倾向性 A_2	7	8	6	6	7	6	(6.666 7,0.835 6,0.177 6)
违反劳动纪律 B_1	3	3	4	5	3	4	(3.666 7,0.835 6,0.177 6)
违反操作规程 B_2	2	1	4	2	3	2	(2.333 3,0.973 5,0.345 0)
安全技能不足 B_3	5	6	6	5	7	6	(5.833 3,0.698 4,0.282 8)
安全认知差错 B_4	5	4	4	5	3	4	(4.166 7,0.697 7,0.282 6)
矿工生理心理 B_5	2	4	3	1	3	2	(2.500 0,1.044 5,1.044 5)
安全意识薄弱 B_6	4	5	4	3	4	6	(4.333 3,0.973 5,0.345 0)
违章指挥 B_7	3	4	2	1	4	5	(3.166 7,1.462 3,0.168 4)
设备缺失 C_1	5	6	6	6	5	6	(5.666 7,0.555 7,0.205 2)
设备可靠性差 C_2	6	5	5	6	7	6	(5.833 3,0.697 7,0.282 6)
通风系统混乱 C_3	7	5	5	7	5	7	(6.000 0,1.253 4,1.253 4)
电气设备失爆 C_4	5	6	5	6	4	6	(5.333 3,0.835 6,0.177 6)
巷道堵塞 D_1	5	6	5	6	5	5	(5.333 3,0.555 7,0.205 2)
瓦斯异常涌出 D_2	5	6	5	5	6	6	(5.500 0,0.626 7,0.304 6)
密闭空间瓦斯积聚 D_3	3	4	3	3	3	4	(3.333 3,0.555 7,0.205 2)
地质构造变化 D_4	6	5	5	7	6	5	(5.666 7,0.835 6,0.835 6)
组织机构不健全 Q_1	5	8	6	7	6	6	(6.333 3,0.973 5,0.345 0)

表 5.6(续)

指标	专家打分						(E_x, E_n, H_e)
重生产轻安全 Q_2	6	7	5	6	4	6	(5.666 7,0.973 5,0.345 0)
违法违规组织生产 Q_3	6	7	8	5	6	4	(6.000 0,1.253 4,0.655 0)
资源管理不到位 E_1	3	2	3	4	6	2	(3.333 3,1.391 3,0.575 4)
安全制度不健全 E_2	6	7	5	7	5	8	(6.333 3,1.253 4,1.253 4)
安全责任制未落实 E_3	2	6	4	3	4	5	(4.000 0,1.253 4,0.655 0)
安全检查不到位 E_4	3	4	5	2	6	4	(4.000 0,1.253 4,0.655 0)
安全培训不到位 E_5	8	7	7	6	7	6	(6.833 3,0.697 7,0.282 6)
技术管理不到位 E_6	5	6	4	4	5	3	(4.500 0,1.044 5,0.095 0)

5.3.2 功效函数计算

$$U_{ij} = \begin{cases} (X_{ij} - B_{ij})/(A_{ij} - B_{ij}), U_{ij} \text{ 具有正功效} \\ (A_{ij} - X_{ij})/(A_{ij} - B_{ij}), U_{ij} \text{ 具有负功效} \end{cases} \tag{5.14}$$

$$U_i = \sum_{j=1}^{m} \lambda_{ij} U_{ij}\text{，其中：}\sum_{j=1}^{m} \lambda_{ij} = 1$$

式中 X_{ij} ——煤矿瓦斯爆炸风险一级指标 i 的第 j 个指标的期望值；

A_{ij}, B_{ij} ——风险指标值的上限和下限；

U_{ij} ——功效函数系数，表示各指标能够达到目标值的程度，取值区间为[0,1]，取值越趋于1，说明该指标能够达到目标值的程度越高，取值越趋于0，说明该指标较难达到目标值；

U_i ——各子系统的有序贡献度；

λ_{ij} ——各个指标的权重。

根据表5.6可知，计算二级指标间的耦合度，功效函数中风险期望值的上限为10，下限为0，各子系统及二级指标功效函数计算如下：

① 人子系统功效系数：

$$U_{B_1} = (E_{xB_1} - B_{ij})/(A_{ij} - B_{ij}) = (3.666\,7 - 0)/(10 - 0) = 0.366\,7$$

$$U_{B_2} = (E_{xB_2} - B_{ij})/(A_{ij} - B_{ij}) = (2.333\,3 - 0)/(10 - 0) = 0.233\,3$$

$$U_{B_3} = (E_{xB_3} - B_{ij})/(A_{ij} - B_{ij}) = (5.833\,3 - 0)/(10 - 0) = 0.583\,3$$

同理：

$$U_{B_4} = 0.416\,7; U_{B_5} = 0.250\,0; U_{B_6} = 0.433\,3; U_{B_7} = 0.316\,7$$

② 固子系统功效函数：

$$U_{A_1} = 0.500\,0; U_{A_2} = 0.666\,7$$

③ 物子系统功效函数：

$U_{C_1}=0.5667;U_{C_2}=0.5833;U_{C_3}=0.6000;U_{C_4}=0.5333$

④ 环子系统功效函数：

$U_{D_1}=0.5333;U_{D_2}=0.5500;U_{D_3}=0.3333;U_{D_4}=0.5667$

⑤ 管子系统功效函数：

$$U_{E_1}=0.3333;U_{E_2}=0.6333;U_{E_3}=0.4000;$$
$$U_{E_4}=0.4000;U_{E_5}=0.6833;U_{E_6}=0.4500;$$
$$U_{Q_1}=0.6333;U_{Q_2}=0.5667;U_{Q_3}=0.6000$$

5.3.3 耦合函数构建

多因素的耦合度函数如式(5.15)所示，耦合度的值 $C_m\in[0,1]$，当 $C_m=0$ 时，说明各因素之间并无耦合关系，相互独立，互不相关；当 $C_m=1$ 时，说明为最强耦合，耦合度值越趋于1，耦合作用关系越强。

$$C_m=\left\{(u_1\times u_2\times\cdots\times u_m)/\left[\prod(u_i+u_j)\right]\right\}^{1/m} \tag{5.15}$$

借鉴物理学中关于耦合度的界定，将弱耦合定义为耦合度值 $C_m\in[0,0.3)$，弱耦合处于风险可接受水平，中度耦合定义为耦合度值 $C_m\in[0.3,0.7)$，强耦合定义为耦合度值 $C_m\in[0.7,1)$。通过计算风险因素之间的耦合关系值，严格管控强耦合风险，降低中度耦合到风险可接受水平，在可调节范围内减少弱耦合。例如：

① 安全教育培训和矿工安全技能、安全认知和安全责任意识的耦合度：

$$C_{B_3-E_5}=\sqrt{(U_{B_3}\cdot U_{E_5})/[(U_{B_3}+U_{E_5})\cdot(U_{B_3}+U_{E_5})]}=0.4984$$
$$C_{B_4-E_5}=\sqrt{(U_{B_4}\cdot U_{E_5})/[(U_{B_4}+U_{E_5})\cdot(U_{B_4}+U_{E_5})]}=0.4851$$
$$C_{B_5-E_5}=\sqrt{(U_{B_5}\cdot U_{E_5})/[(U_{B_5}+U_{E_5})\cdot(U_{B_5}+U_{E_5})]}=0.4428$$

② 矿工“三违”行为和现场安全检查的耦合度：

a. 三违行为的权重系数为：

$$r_{B_1}=0.0888,r_{B_2}=0.5560,r_{B_7}=0.1062$$

b. 归一化处理：

$$\lambda_{B_1}=\frac{r_{B_1}}{r_{B_1}+r_{B_2}+r_{B_7}}=\frac{0.0888}{0.0888+0.5560+0.1062}=0.1182$$

同理，

$$\lambda_{B_2}=0.7403,\lambda_{B_7}=0.1414$$

c. 功效函数：

$$U_{B_{1,2,7}}=\lambda_{B_1}U_{B_1}+\lambda_{B_2}U_{B_2}+\lambda_{B_7}U_{B_7}=0.2609$$

d. 耦合系数：

$$C_{B_{1,2,7}-E_4}=\sqrt{(U_{B_{1,2,7}}\cdot U_{E_4})/[(U_{B_{1,2,7}}+U_{E_4})\cdot(U_{B_{1,2,7}}+U_{E_4})]}$$

$= 0.488\ 8$

随着各类风险因素耦合程度的递增，风险转变为隐患的可能性增大，当煤矿瓦斯动力系统内有部分风险因素处于弱耦合状态时，系统自身的防御机制可抵抗风险冲击；当处于中度风险耦合时，风险因素之间相互影响、共同作用，产生新的风险或使部分风险扩大，风险值可能出现激增冲破系统防御机制，进而导致瓦斯爆炸事故发生；当处于强耦合时，系统处于极度危险状态，风险转变为隐患，极易导致瓦斯爆炸事故发生。

5.3.4　耦合风险度量

瓦斯爆炸耦合风险分级以单因素风险分级为依据，通过分析多因素的相互作用关系，进而计算耦合等级。多因素耦合作用关系包括正向（增强）耦合和负向（减弱）耦合，正向耦合是指两个或两个以上因素相互影响、共同作用导致风险等级提高，事故发生可能性增加或后果严重度增加，例如低风险和低风险因素耦合作用产生新的高风险因素；减弱耦合主要是干预策略的作用，由于某一因素的介入或因素状态的改变，导致风险等级发生变化。

煤矿瓦斯爆炸事故的发生主要是由于风险因素的耦合作用导致的，因此，在风险评估过程中，既要考虑单因素风险等级，又要对耦合风险等级进行分级度量，将单因素风险及耦合风险控制在可接受水平。对于耦合风险等级，借鉴风险矩阵法，耦合风险分级涉及风险因素耦合作用强度、耦合风险导致事故发生的可能性及造成事故后果的严重程度。基于单因素风险等级计算结果，结合风险耦合度和各指标的权重系数，对瓦斯爆炸耦合风险等级进行评估，如下式：

$$R^* = L^* \times S^* = (1+C)\sum \lambda_k R_k \tag{5.16}$$

式中　R^* ——耦合风险值；

L^* ——耦合风险导致事故发生的可能性；

S^* ——耦合风险造成事故后果的严重程度；

C ——风险耦合的耦合度系数；

R_k ——单因素的风险值；

λ_k ——单因素的权重系数，$\sum \lambda_k = 1$。

5.4　本章小结

本章基于风险可接受准则，根据相关法律法规、标准规范及风险矩阵法，对单因素进行风险等级划分；借鉴结构方程模型中潜变量和测量变量的关系，将定性指标定量处理，并采用效益型、成本型、区间型和固定型指标无量纲化方法对风险因素进行标准化处理；另外，运用G1法和EWM法计算各风险指标的综合权重；通过计算瓦斯爆炸各风险因素之间的耦合度，基于单因素风险分级标准，提出多因素耦合风险分级度量方法。主要得出以下结论：

（1）基于风险可接受准则，结合《煤矿安全规程》及相关安全规章制度，明确指出导致瓦斯爆炸事故发生的不可接受风险因素。从瓦斯爆炸的充要条件考虑，瓦斯浓度超限以及产生点火源是不可接受风险因素，与之相关的阈值包括井下瓦斯浓度不得高于1%，在不同工作场所甚至有更严格的要求；电气设备失爆、违章爆破、井下抽烟、煤层自燃等可能产生点火源的风险因素均属于不可接受风险因素。

（2）基于风险矩阵法，从可能性和后果严重程度两方面计算各单因素的风险值并确定其风险等级，其中井下瓦斯超限后未处置继续作业、伪造瓦斯日报、风量不足、裸露爆破等51个因素为重大风险因素；主要负责人履行法定安全生产管理职责不到位、隐瞒作业地点等36个因素为较大风险因素；警示标识不清晰、未佩戴劳动防护用品等25个因素为一般风险因素；安全知识不足、理论不合格等17个因素为低风险因素。

（3）为了保证权值的客观准确性，运用G1法和EWM法计算各指标的综合权重。其中，导致煤矿瓦斯爆炸的一级指标中影响度由高到低依次为：人的不安全行为（0.365 4）、管理缺陷（0.296 4）、物的不安全状态（0.204 3）、环境的不安全因素（0.079 8）和煤矿固有风险（0.054 1），说明人的不安全行为是导致瓦斯爆炸事故发生的直接因素，但人的不安全行为很大程度上是由于管理不到位造成的。

（4）管理缺陷中违法违规组织生产（0.688 1）、安全责任制未落实（0.406 8）的权值较大；人的不安全行为中违反操作规程（0.556 0）和安全意识薄弱（0.143 8）的权值较大；物的不安全状态中通风系统混乱（0.564 0）的权值较大；环境的不安全因素中瓦斯异常涌出（0.415 6）和密闭空间瓦斯积聚（0.282 3）的权值较大；煤矿固有风险中煤层瓦斯涌出量（0.724 4）的权值较大。针对权重较大的风险因素，煤矿企业应高度重视，采取应对措施，从根本上杜绝此类风险因素的发展演化，避免风险因素导致瓦斯爆炸事故的发生。

（5）对于瓦斯爆炸耦合风险分级度量，借鉴风险矩阵法，耦合风险分级涉及风险因素耦合作用强度、导致危险发生的可能性及造成事故后果的严重程度。基于单因素风险等级计算结果，结合风险耦合度和各指标的权重系数，提出瓦斯爆炸多因素耦合风险计算方法，对耦合风险进行分级度量，为瓦斯爆炸耦合风险的定量评估提供理论依据。

6 煤矿瓦斯爆炸多因素耦合风险推演模型构建

瓦斯爆炸耦合风险态势推演是实现风险预警及超前管控的有效途径。本章根据煤矿瓦斯爆炸风险演化路径分析，结合多因素耦合风险定量评估，基于系统动力学原理，从事故发生特征及风险因素之间的耦合关联性中提取态势推演规则，构建瓦斯爆炸多因素耦合风险推演模型，预测未来系统瓦斯爆炸风险水平，为后续态势推演的研究提供基于系统动力学的推演模型。

6.1 瓦斯爆炸风险推演建模方法

系统动力学(system dynamics，SD)是由美国麻省理工学院的 Forrester 教授于 1956 年提出，主要用于分析系统结构及功能，进行信息反馈。系统动力学的研究过程强调整体、联系、发展和运动，“系统”乃是大环境(元素、联系)，“动力”是指系统状态的变化，“学”是研究元素产生的影响，即相互作用关系。基于“凡系统必有结构，系统结构决定系统功能”的系统科学思想，根据系统行为与内在机制间的相互作用关系，对系统构成要素之间的耦合因果关系进行时间上的动态演化分析，通过改变条件可以进行系统内各因素之间的协调，对系统结构与功能进行优化与管控。

6.1.1 建模目的及边界确定

系统动力学的研究过程主要是从系统内部的微观结构出发，建立 SD 推演模型；运用计算机技术，采用 Vensim 软件，按照时间步长法进行模拟运行；根据前一时刻系统状态，估算出各变量及系统下一时刻的状态，预测系统未来发展趋势，从定量的角度展现系统的动态演变过程。简而言之，系统动力学是以变量间的因果关系为基础，根据关系的定量化表述及变量数据特征，将系统内部作用机制及相互关系量化呈现，以“时序-状态”图来反映系统的动态演化过程。

(1) 明确建模目的：以解决问题为导向，达到什么目标。本书通过深入分析煤矿瓦斯爆炸事故致因机理及演化路径，将前兆信息进行简化和定量化，建立系统动力学模型，预测系统瓦斯爆炸风险水平变化趋势以及各指标的风险变化趋势，为后续态势推演系统开发提供推演模型。

（2）确定系统边界：根据建模目的，明确界定系统模拟边界，提取相关变量要素，将系统内的反馈回路形成闭合回路。该模型仅考虑导致瓦斯爆炸事故发生的煤矿企业管理、井下作业现场等内部相关因素，外部环境仅考虑政府监管的影响，不考虑社会形势、生态环境和煤矿其他事故之间的相互影响与制约关系。

6.1.2 模型构建的思路

系统动力学研究处理复杂系统问题的方法是定性与定量结合、系统综合推理的方法。系统动力学模型包括定性模型与定量模型两部分，定性模型反映系统各组成部分关系的流图；定量模型是由流图抽象出的反映系统动态过程的方程式。系统流图是根据系统内各变量间的因果关系绘制的，构成系统动力学模式结构的主要元件包含“流”(flow)、“积量”(level)、“率量”(rate)、“辅助变量”(auxiliary variable)。系统动力学仿真模型建立过程如图 6.1 所示。

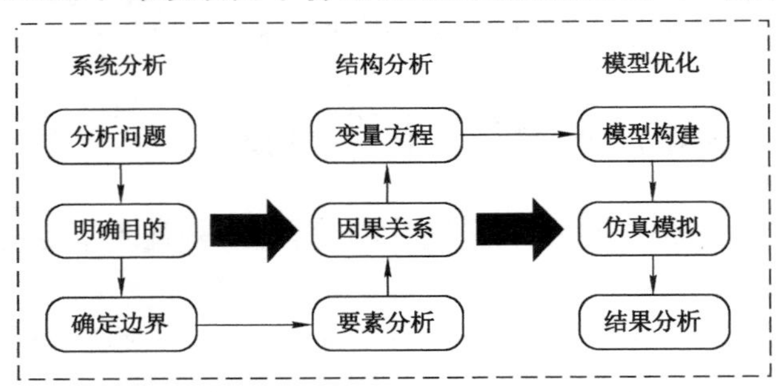

图 6.1 系统动力学仿真模型建立过程

（1）建立因果关系图：系统因果关系图能够清晰地表达出系统内部各子系统之间，以及子系统内部影响因素之间的因果关系。根据上述对于煤矿瓦斯爆炸风险演化分析及多因素耦合因果关系分析，围绕系统动力学建模原则，确定关键变量，明确变量之间的关系，建立因果关系反馈结构。

（2）建立系统流图：系统流图能够清楚说明系统内部具有反馈关系的各部分之间的相互联系和各反馈回路的结构。运用 Vensim 软件制作系统流图，根据上述对于煤矿瓦斯爆炸风险因素的定性与定量分析，结合系统因果反馈关系和流图，确定各因果关系的数学表达式以及各变量间的数学关系。

（3）仿真模拟：运用 Vensim 软件进行仿真模拟，通过改变参数值，分析变量的敏感性和相互作用关系，对比仿真结果。

6.2　基于系统动力学的推演模型构建

根据煤矿瓦斯动力系统中各前兆信息的耦合相关性,预测下一时刻系统风险的发展趋势,进而对瓦斯爆炸事故的发生进行动态监测预警。瓦斯爆炸事故的发生具有突发性,但其事故演化过程则是动态复杂的,通过研究系统内各风险因素的耦合因果关系,运用系统动力学建模对事故的发展演化过程进行模拟仿真,对于瓦斯爆炸事故的预防和管控具有重要意义。通过上述对瓦斯爆炸前兆信息的提取以及风险指标体系的构建,本书主要从固-人-机-环-管以及微观层面的两个条件进行研究,确定了 31 个变量。针对指标的变化情况,另外还需要增加具有时序性以及耦合演化特征的因素,例如风险变化率、耦合系数等因素。

6.2.1　建立因果关系图

系统因果关系图能够清晰地表达出系统内部各子系统之间,以及子系统内部影响因素之间的因果关系。根据上述对于煤矿瓦斯爆炸风险演化分析及多因素耦合因果关系分析,围绕系统动力学建模原则,确定关键变量,明确变量之间的关系,建立反馈结构。

基于上述对于煤矿瓦斯爆炸风险演化及多因素耦合因果关系分析,结合第 3 章煤矿瓦斯爆炸多层次 ISM 模型,系统、直观地得出各层级风险因素之间的作用关系,围绕系统动力学建模原则,明确各风险指标变量之间的关系,建立因果关系反馈结构。为了简化模型,本书将瓦斯动力系统分为“人因”和“物因”两个子系统进行耦合分析。“人因”方面的风险因素包括人的不安全行为和管理缺陷两方面,主要从组织和个人角度进行分析;“物因”方面的风险因素主要包括物的不安全状态和环境的不安全因素,煤矿固有风险归于环境的不安全因素。系统运行过程中,两个子系统之间既存在内部耦合,又存在外部耦合,根据上述对于瓦斯爆炸风险因素同质耦合和异质耦合因果关系分析,绘制“人因”和“物因”两个子系统的因果关系图,如图 6.2 所示。

根据上述分析,在瓦斯爆炸风险耦合演化仿真过程中仅考虑“人因”和“物因”两个方面,并通过“人因”和“物因”的作用进而导致瓦斯积聚和产生点火源,影响煤矿瓦斯爆炸风险水平。

6.2.2　建立系统流图

(1) 确定变量

根据瓦斯爆炸因果关系图,结合煤矿实际情况,明确系统仿真运行过程中的各个变量,包括状态变量、速率变量、辅助变量以及常量。状态变量是描述系统累积效应的变量;速率变量是描述累积效应快慢的变量,即状态变量随时间变化

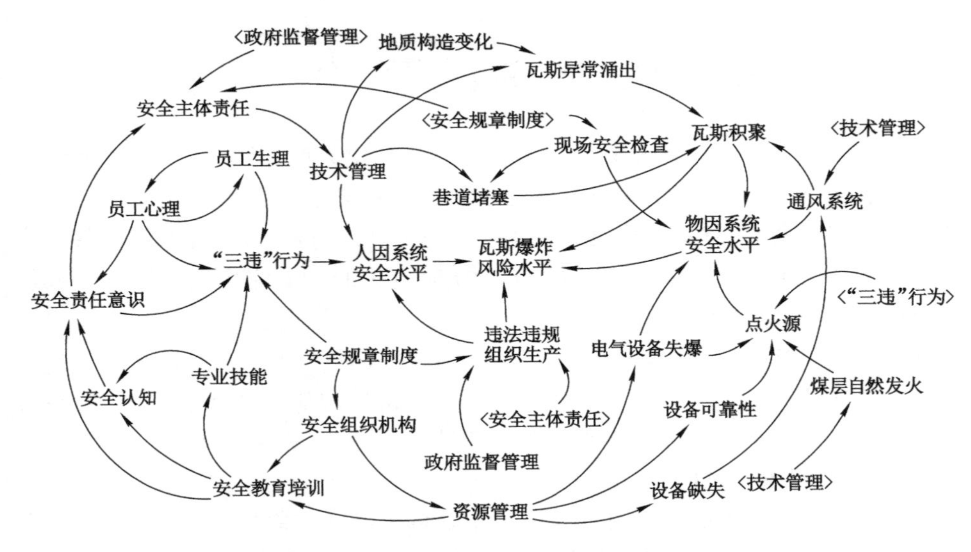

图 6.2　瓦斯爆炸风险耦合因果关系图

的情况;辅助变量是状态变量和速率变量之间信息传递和转换过程的中间变量，用来描述决策过程的中间变量;常量为耦合系数,即具有关联关系的两个风险因子之间的耦合系数。

(2) 构建流图

根据瓦斯爆炸多因素耦合风险因果关系图,结合变量特征,运用 Vensim 软件构建瓦斯爆炸多因素耦合的 SD 流图,如图 6.3 所示,图中加括号的变量为影子变量,表明该变量在流图中其他位置出现。

6.2.3　建立模型运行方程

基于瓦斯爆炸风险耦合演化流图,根据系统动力学原理,建立各变量之间的数学关系,部分 SD 方程如下所示:

① 系统瓦斯爆炸风险水平＝人因子系统风险水平×权重系数＋物因子系统风险水平×权重系数＋环境子系统风险水平×权重系数＋管理子系统风险水平×权重系数。

② 人因子系统风险水平变化量＝“三违”行为风险水平变化量×权重系数＋安全管理不到位风险水平变化量×权重系数。

③ 物因子系统风险水平变化量＝点火源风险水平变化量×权重系数＋瓦斯积聚风险水平×权重系数。

④ 安全管理风险水平变化量＝资源管理风险水平变化量×权重系数＋技术管理风险水平变化量×权重系数＋现场检查风险水平变化量×权重系数。

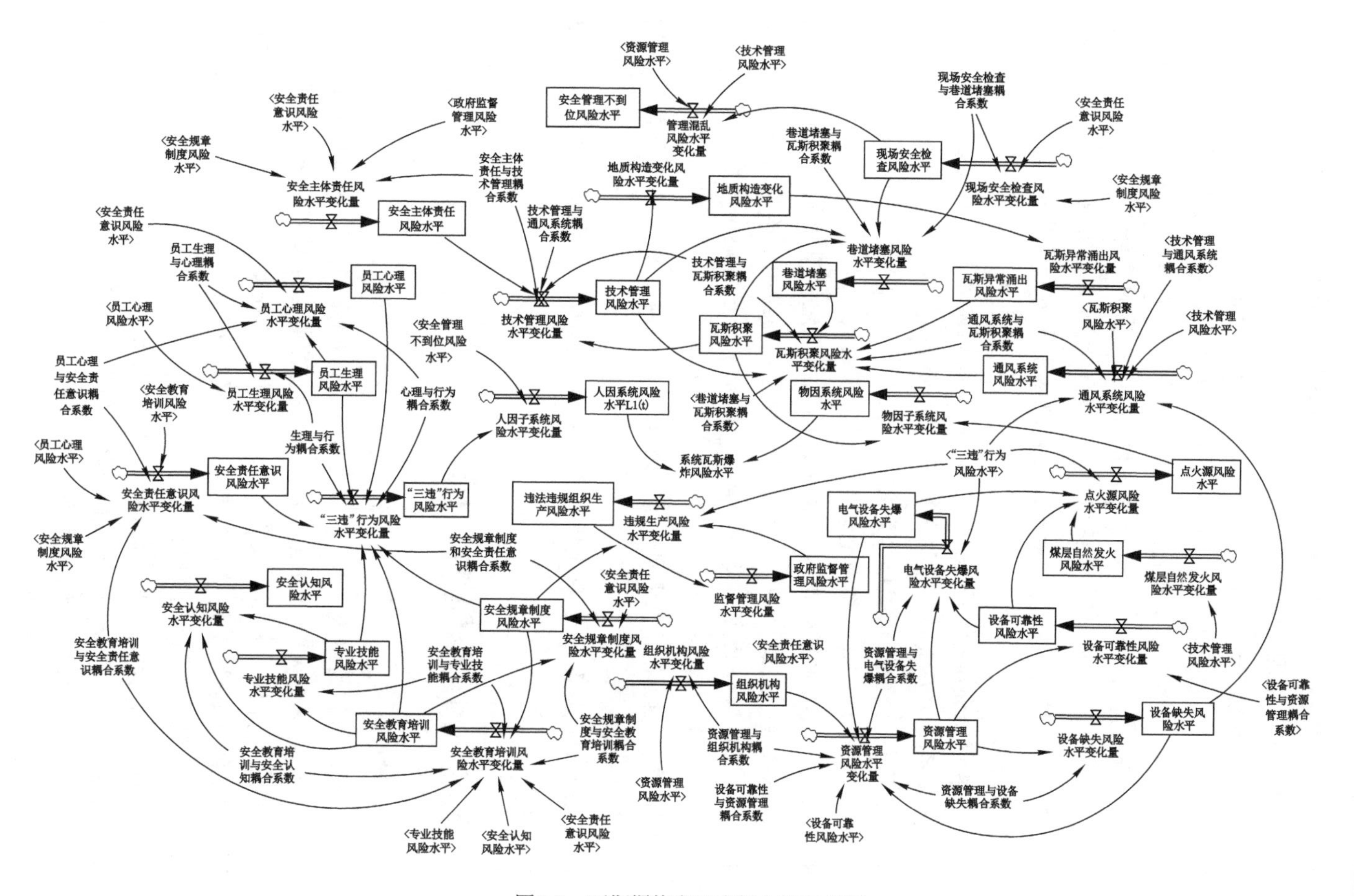

图6.3 瓦斯爆炸多因素耦合的SD流图

⑤ “三违”行为风险水平变化量＝员工心理风险水平×员工心理与“三违”行为的耦合系数＋员工生理风险水平×员工生理与“三违”行为的耦合系数＋专业技能风险水平×专业技能与“三违”行为的耦合系数＋安全责任意识风险水平×安全责任意识与“三违”行为的耦合系数＋安全规章制度风险水平×安全规章制度与“三违”行为的耦合系数＋安全教育培训风险水平×安全教育培训与“三违”行为的耦合系数＋安全检查风险水平×安全检查与“三违”行为的耦合系数。

⑥ 安全规章制度风险水平变化量＝安全教育培训风险水平×安全规章制度与安全教育培训耦合系数＋安全责任意识风险水平×安全规章制度与安全责任意识的耦合系数。

⑦ 安全教育培训风险水平变化量＝专业技能风险水平×安全教育培训与专业技能耦合系数＋安全教育培训与安全认知耦合系数×安全认知风险水平＋安全教育培训与安全责任意识耦合系数×安全责任意识风险水平＋安全规章制度风险水平×安全规章制度与安全教育培训耦合系数。

⑧ 资源管理风险水平变化量＝电气设备失爆风险水平×资源管理与电气设备失爆耦合系数＋组织机构风险水平×资源管理与组织机构耦合系数＋设备可靠性与资源管理耦合系数×设备可靠性风险水平＋设备缺失风险水平×资源管理与设备缺失耦合系数。

⑨ 专业技能风险水平变化量＝安全教育培训风险水平×安全教育培训与专业技能耦合系数。

⑩ 设备可靠性风险水平变化量＝资源管理风险水平×设备可靠性与资源管理耦合系数。

6.3 实例应用及模型检验

6.3.1 变量赋值

本书选取某矿作为研究对象，根据上述对于瓦斯爆炸风险因素的权重及耦合度的确定，结合耦合风险分级度量方法，运用专家打分法对该矿的瓦斯爆炸风险因素进行评价，并借助云模型检验专家评分的离散程度，剔除不合理的评估，提高评价结果的准确性，最终得到仿真运行所需的初始值。

（1）人因子系统风险水平评价

人因子系统包括员工专业技能、安全意识、安全认知、资源管理、技术管理、安全规章制度、安全教育培训、安全主体责任等 14 个风险因素，逐项评价各因素的风险水平值，进而计算人因子系统的风险水平。

（2）物因子系统风险水平评价

物因子系统包括设备缺失、设备可靠性、通风系统、巷道堵塞、瓦斯异常涌出等8个风险因素，逐项评价各因素的风险水平值，进而计算物因子系统的风险水平。

(3) 初始值确定

通过查验该矿的相关资料，结合现场安全检查情况，计算得出该矿各变量的初始评价结果如表6.1所列，其中，权重系数是根据上述对于各指标的权重进行归一化处理得到的。

表6.1 瓦斯爆炸风险耦合系统状态变量初始值

变量	权重	初始值
人因子系统的风险水平初始值	0.661 8	12.699 0
物因子系统的风险水平初始值	0.338 2	10.677 0
安全技能因子风险水平初始值	0.002 1	10.416 8
安全认知因子风险水平初始值	0.004 9	7.583 3
安全责任意识因子风险水平初始值	0.061 7	10.541 8
矿工生理因子风险水平初始值	0.138 0	6.500 0
矿工心理因子风险水平初始值	0.138 0	6.500 0
资源管理因子风险水平初始值	0.045 1	12.666 8
安全规章制度因子风险水平初始值	0.011 5	9.166 8
安全主体责任因子风险水平初始值	0.072 9	10.000 0
现场安全检查因子风险水平初始值	0.030 9	10.000 0
安全教育培训因子风险水平初始值	0.003 4	7.916 8
技术管理因子风险水平初始值	0.015 5	10.750 0
组织机构因子风险水平初始值	0.009 4	9.166 8
政府监督管理因子风险水平初始值	0.134 4	10.000 0
“三违”行为因子风险水平初始值	0.207 3	11.361 0
违规组织生产因子风险水平初始值	0.092 5	10.000 0
设备缺失因子风险水平初始值	0.031 7	10.833 3
设备可靠性因子风险水平初始值	0.061 1	10.416 8
通风系统因子风险水平初始值	0.340 8	10.000 0
电气设备失爆因子风险水平初始值	0.170 6	9.666 8
地质构造变化因子风险水平初始值	0.036 5	7.250 0
瓦斯异常涌出因子风险水平初始值	0.172 7	10.250 0
煤层自燃因子风险水平初始值	0.034 0	8.333 3
巷道堵塞因子风险水平初始值	0.063 1	6.666 8

根据云模型计算结果，确定功效函数的期望值，进而计算功效函数系数以及各指标的有序贡献度，最终确定指标间的耦合程度，如表 6.2 所列。

表 6.2　瓦斯爆炸风险耦合系统耦合系数赋值

变量		含义	赋值
常量（耦合系数）	C_1	安全教育培训与安全技能的耦合系数	0.498 4
	C_2	安全教育培训与安全认知耦合系数	0.485 1
	C_3	安全教育培训与安全责任意识耦合系数	0.442 8
	C_4	员工生理与心理耦合系数	0.500 0
	C_5	心理因素与安全责任意识耦合系数	0.491 1
	C_6	资源管理与设备缺失耦合系数	0.482 9
	C_7	资源管理与设备可靠性耦合系数	0.481 0
	C_8	资源管理与电气设备失爆耦合系数	0.486 5
	C_9	资源管理与组织机构耦合系数	0.475 3
	C_{10}	技术管理与通风系统耦合系数	0.494 9
	C_{11}	技术管理与安全主体责任耦合系数	0.499 1
	C_{12}	现场安全检查与巷道堵塞耦合系数	0.494 9
	C_{13}	心理因素与“三违”行为耦合系数	0.474 7
	C_{14}	生理因素与“三违”行为耦合系数	0.474 7
	C_{15}	专业技能与“三违”行为耦合系数	0.462 1
	C_{16}	安全责任意识与“三违”行为耦合系数	0.495 5
	C_{17}	安全规章制度与“三违”行为耦合系数	0.454 6
	C_{18}	安全教育培训与“三违”行为耦合系数	0.447 2
	C_{19}	现场安全检查与“三违”行为耦合系数	0.488 8
	C_{20}	安全规章制度与教育培训耦合系数	0.499 6
	C_{21}	安全规章制度与安全责任意识耦合系数	0.471 1

6.3.2　仿真运行

设定模拟时间为 12，步长为 0.5，单位为月。

（1）系统瓦斯爆炸耦合风险水平发展趋势

将评估计算得出的初始值代入 SD 模型，运行模型可得到瓦斯爆炸耦合风险水平变化趋势图，如图 6.4 所示。

如图 6.4 所示，针对初始评估的现状，若该矿不采取任何措施，随着时间的变化，系统风险水平逐步增加，在第 1 月到第 7 月增长速度缓慢，第 7 月到第 9

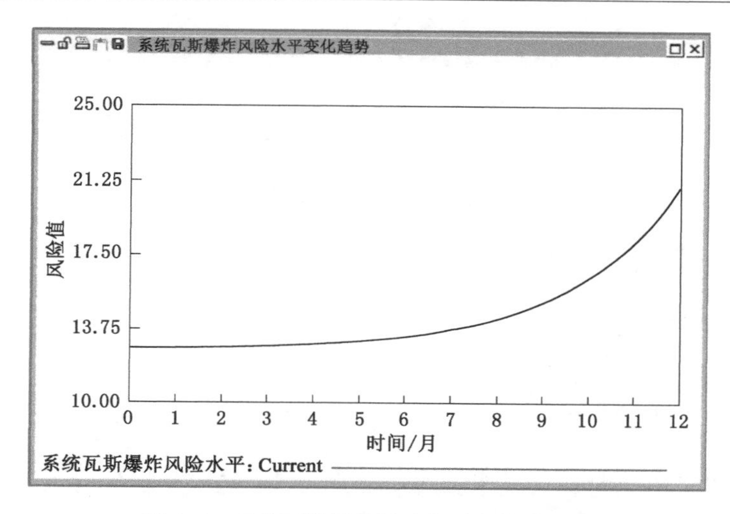

图 6.4　系统瓦斯爆炸风险水平变化趋势图

月增速提升，第 9 月以后由量的变化达到质的突变，系统风险等级由一般风险达到较大风险，甚至到第 12 月时达到重大风险等级。结果表明，在一定时间内，系统风险水平缓慢增加，但由于各变量的风险累积效应及耦合风险的“突变”或“涌现”现象，风险累积到一定程度则会发生质的变化，从而导致系统风险水平发生突增。

(2) 指标变量风险水平发展趋势

指标变量的风险水平变化趋势如图 6.5 和图 6.6 所示，在不采取任何干预措施的情况下，“三违”行为的风险水平变化量增速较快，说明违反劳动纪律、违反操作规程以及违章指挥行为存在一定的惯性和从众性，从最初的冒险心理到不安全行为习惯的养成，甚至可能影响到其他员工的正确操作。“三违”行为的产生多是由于不安全行为习惯引起的，事故的随机偶然性或风险水平未达到阈值，使得一次、两次甚至多次的不安全操作未引起事故，从而导致不安全行为习惯的养成，若未能及时制止，则会影响更多的员工。

安全责任意识水平变量的变化趋势不明显，说明人的意识观念很难改变，可能是某件事的触动或者长期的耳濡目染才会发生量变甚至质变。安全责任意识水平的提升需要通过安全宣传、事故警示教育、安全知识培训以及个人信念转变等方面进行，甚至可能需要从学生时代进行培养教育。对于目前员工普遍的安全责任意识水平，尚未完全从被动的安全状态“要我安全”向主动安全状态“我会安全”转变，需要一个长期的过程。

安全教育培训工作对于安全生产发挥重要作用，但其风险水平随着培训问

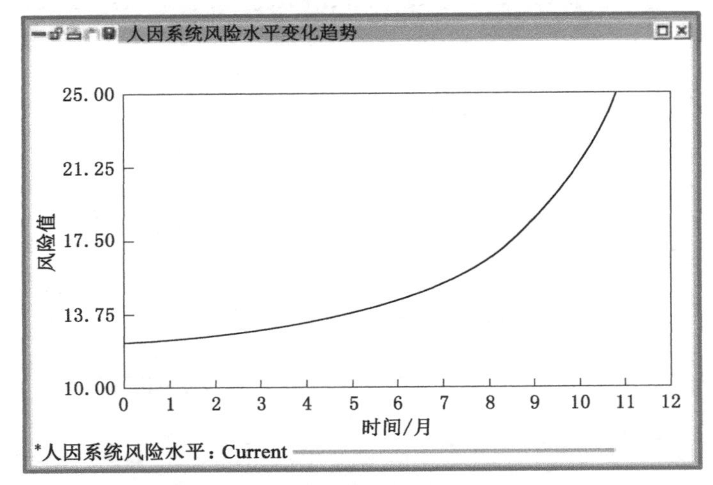

(a) 人因系统风险水平变化趋势

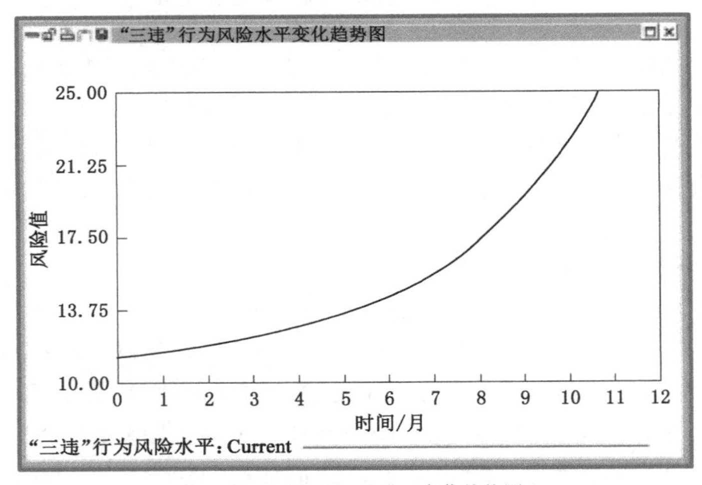

(b) “三违”行为风险水平变化趋势图

图 6.5　人因系统和“三违”行为风险水平变化趋势图

题的累积呈现一定的增长趋势，说明安全教育培训工作不是一成不变的，需要及时根据形势变化、员工需求、培训反馈信息进行内容以及形式等方面的调整，将培训工作落到实处。安全教育培训主要从思想教育、安全规章制度以及技能培训三方面进行，随着相关法律法规的不断完善，煤矿企业安全教育培训逐步趋于规范化、全员化、系统化，相较以往而言在内容、形式、考核等方面进行了良好的改善，在一定程度上促进了安全工作的有序展开，但教育培训工作仍然存在一些

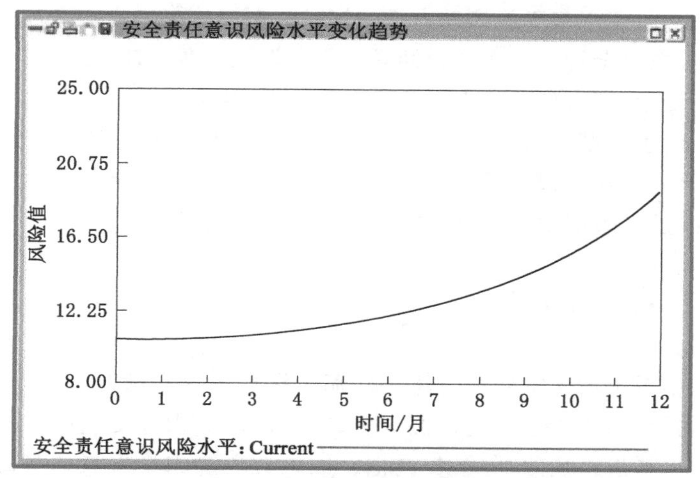

(a) 安全责任意识风险水平变化趋势

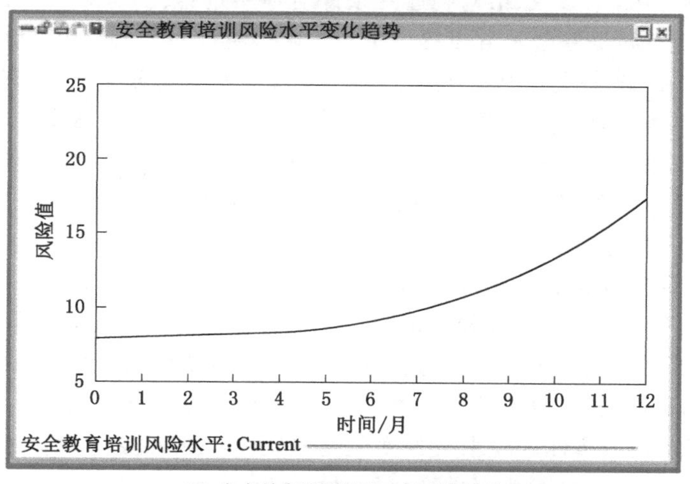

(b) 安全教育培训风险水平变化趋势

图 6.6 安全责任意识和安全教育培训风险水平变化趋势图

问题，如培训内容针对性不强，无法保证参培人员全面认真汲取知识，考核效果与培训效果不匹配等。

6.3.3 模型检验

对构建的系统动力学模型进行检验，确保该模型能够解决所研究的问题。常见的检验方法包括：历史检验、真实性检验以及灵敏度检验等。本书采用历史检验进行模型检验，将模型中各指标的初始值设置为 2019 年 5 月的一次安全大检查得到的数值(当时检查的部分指标与系统所列指标存在差异，根据类似指标估算得到），然后运用基于系统动力学的煤矿瓦斯爆炸多因素耦合风险推演模型进行仿真，根据安全管理工作进行期间井下采取的干预策略，适当调整变量参数及增加外生变量，将得到的 2019 年 12 月和 2020 年 5 月的数据与实际检查数据进行对比。由于模型与实际情况存在一定的误差，所以模拟数据与实际数据存在偏差，但风险演化模拟的等级与实际评估等级是一致的，通过了行为一致性检验和真实性检验，表明模型具有一定的适用性和可行性。

6.4 本章小结

本章运用系统动力学方法构建煤矿瓦斯爆炸多因素耦合风险推演模型，对“人因”和“物因”两个子系统进行模拟仿真，通过调节指标变量的参数对煤矿瓦斯爆炸风险水平进行预测，分析各类耦合因素对风险水平发展趋势的影响。通过模型实例应用，从参数、结构和边界条件对模型进行优化，寻找较优的系统结构，为后续态势推演系统的开发提供推演预测模型。主要得出以下结论：

(1) 煤矿瓦斯爆炸事故是典型的高阶非线性复杂动态系统，具有反馈特性。基于此，根据系统动力学原理，结合上述对于煤矿瓦斯爆炸多因素风险耦合演化路径分析及分级度量，建立瓦斯爆炸多因素耦合风险推演模型。该模型在时间序列下，通过控制变量参数，可以预测系统风险水平在未来某一时段内的发展趋势。

(2) 从系统仿真结果可知，系统变量的风险值对于其他变量及系统风险水平的影响具有一定的滞后性和累积性。这两个特性是导致瓦斯爆炸事故发生的根本特性，滞后性使得风险管控存在延迟，而累积性则使得未能及时解决的风险因素转变为事故隐患，导致系统风险水平突增，由量变引起质的变化。

(3) 煤矿瓦斯爆炸风险水平的变化是系统内各指标变量相互影响、共同作用的结果，而各指标风险水平的变化则是由于受到其他相关指标的影响，体现了瓦斯动力系统的复杂非线性特征。通过实例应用，该模型具有一定的适用性和可行性，其运行结果能够为煤矿瓦斯爆炸风险超前管控提供理论支撑。

7 煤矿瓦斯爆炸耦合风险态势推演系统开发

煤矿瓦斯爆炸耦合风险态势推演系统的开发，以风险监测和事故预警为目的，以瓦斯爆炸前兆信息知识库为基础，以煤矿监控系统和人员监测为依托，以单因素风险评估和多因素耦合风险评估为准则，以强关联规则和推演模型为依据，运用 JDK1.9＋软件开发平台进行系统开发，实现煤矿瓦斯爆炸风险在线快速判定和态势推演，以期为瓦斯爆炸风险的预先防控提供理论支撑。

7.1 态势推演系统架构设计

7.1.1 系统开发工具

根据煤矿瓦斯爆炸耦合风险态势推演系统的开发流程和相应开发技术特点，以及涉及的计算方法和模型设计，使用 JetBrains IDEA、JetBrains Pycharm、JetBrains WebStorm 等工具进行开发。其中，IDEA 是行业先进的集成开发环境，用于 Java 程序开发；Pycharm 用于 Python 程序开发；WebStorm 用于前端程序开发。态势推演系统开发运行标准如表 7.1 所列。

表 7.1 态势推演系统开发运行标准

运行部分	标准
运行平台	JDK1.9＋
内存	单独后端进程最低 64 MB
推荐系统	Ubuntu20.04，CentOS8 及以上
数据库	MySQL8.0 及以上
后端进程	SpringBoot
持久层	MyBatis
JDBC 驱动	MySQL
Excel 文件处理	EasyExcel

本系统的DBMS使用业界广泛使用的MySQL8.0,能够利用事务保证数据的安全性和一致性,结合持久层框架能方便开发分布式系统。数据计算与分析采用Pandas和NumPy,数据分析包Pandas可高效分析多达数百万的数据并给出结果,科学计算包NumPy能结合MATLAB实现灵活的数学运算满足所有需求,充分发挥大数据的优势。

后端业务采用SpringBoot、MyBatis和RabbitMQ。其中,SpringBoot是一款开源的轻量化Java框架,可以快速简洁开发出Web应用,配合JWT实现无状态Web应用,方便实现云原生化的分布式系统;MyBatis是一款开源的广泛使用的持久层框架,使用MyBatis与SpringBoot结合能快速实现数据对象,并且保证数据安全性;RabbitMQ是一款开源的知名的消息中间件,消息队列的使用能解耦程序开发,并方便开发出云原生的应用,充分利用云计算的优越性。

前端业务采用Vue,版本控制与依赖仲裁采用Git和Maven。Vue.js是Web3.0时代的前端框架,组件化的思想与开源UI库的使用能实现现代化的高性能的前端界面;ECharts是先进的数据可视化框架,能高效将数据转化为图表等形式进行展示;Git是世界知名的版本控制与协同开发工具,有中立代码平台Github、Gitee等来方便使用开源代码;Maven是Java的依赖管理工具。

7.1.2 系统体系结构

结合多因素耦合风险建立煤矿瓦斯爆炸态势推演模型,可对瓦斯爆炸灾害发生发展各阶段的态势信息进行推进和演练,预测将会造成的实际状态,发现其中可能存在的冲突和失误,为安全管理人员分析事件发展趋势,制定行之有效的预防和管控措施提供支撑。本书采用JDK1.9+平台构建瓦斯爆炸风险态势推演系统,主要进行风险辨识(数据库)、风险监测(人工检查及井下监控系统)、信息获取(信息捕捉与获取是整个系统运行结果可靠的基础与关键,部分信息可以通过传感器获取,但部分信息则需要人工输入)、风险评估(单因素风险评估及耦合风险评估)、风险预测(推演模型)、风险预警和对策措施环节。瓦斯爆炸耦合风险态势推演系统架构如图7.1所示,前端包括管理模块、信息模块、监测模块和推演模块四部分,后端包括前兆信息知识库、推演模型、推演规则以及与前端的接口设置。

(1) 管理模块包括区域管理、设备管理、人员管理,区域管理是对矿井瓦斯爆炸危险度的初步评估,基于矿井生产基础信息,运用函数分析法,从安全执行力、瓦斯等级、瓦斯管理、栅栏管理、通风管理、安全防护装备、机电设备失爆率、采面通风状况、瓦斯检查工素质、爆破工素质、机电工人素质11个指标进行评估计算;设备管理是对矿井生产、监控设备以及传感器布设位置的基本管理;人员管理主要是指系统开放使用的对象及对应的权限和功能,包括账户管理和权限

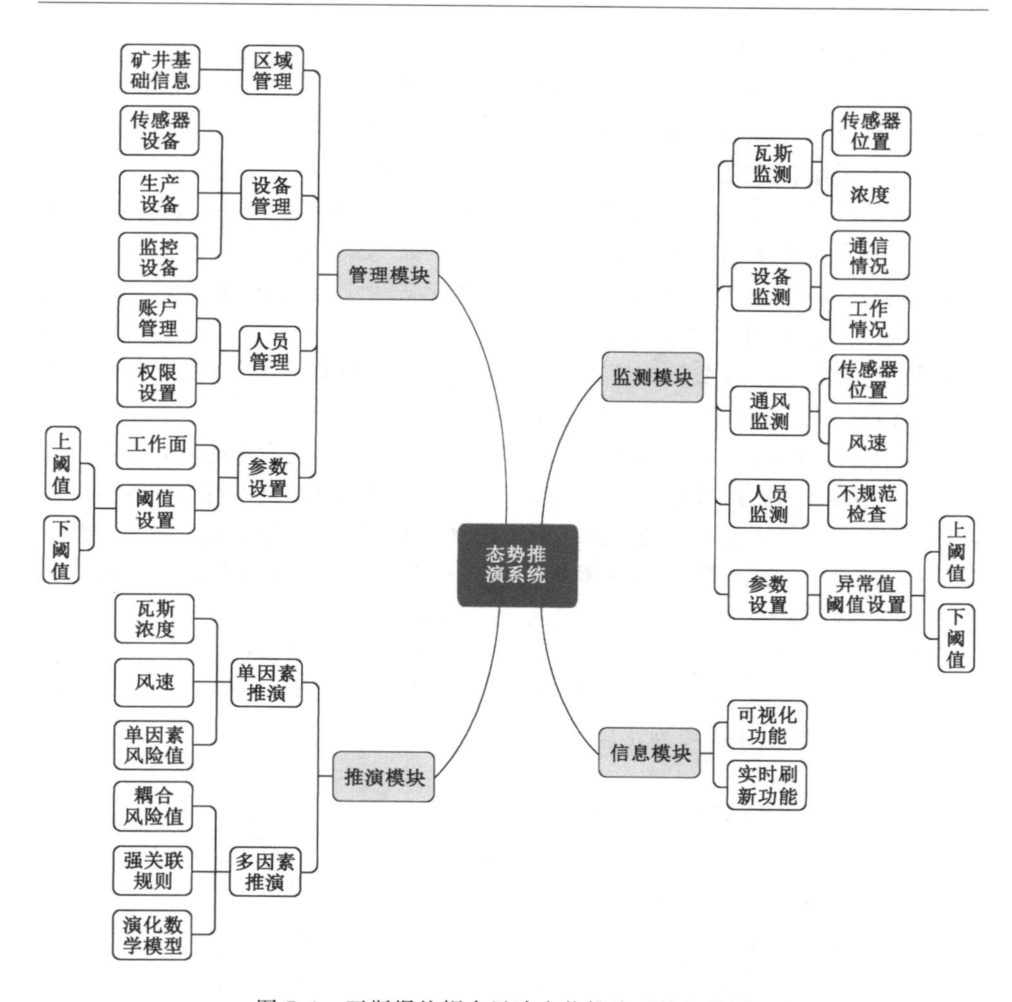

图 7.1 瓦斯爆炸耦合风险态势推演系统架构图

设置，管理员控制整个系统的推演及干预过程，其他成员根据角色需求开放不同权限；参数设置主要包括工作面筛选和各类指标的阈值设置。

(2) 信息模块主要是可视化功能和实时刷新功能的实现。

(3) 监测模块包括瓦斯监测(瓦斯浓度监测和瓦斯涌出检测)、设备监测(运行状态、故障信息、检维修记录)、通风监测(风速、风压、风筒状态、风门状态、通风机运行状态)、人员监测(人员、设备、环境和管理的不规范检查)、参数设置。

(4) 推演模块包括单因素推演和多因素推演。单因素指标包括前兆信息知识库中状态异常指标或超过风险可接受水平的指标；多因素指标主要以强关联规则中的异常指标、耦合风险值曲线以及 SD 演化曲线进行监测预警。

7.1.3 系统数据信息

煤矿瓦斯爆炸前兆信息知识库的构建是态势推演系统运行的基础与关键，根据瓦斯爆炸机理及事故特征，前期通过分析大量事故案例并结合相关研究成果及经验，运用扎根理论提取了5个一级、27个二级和67个三级前兆信息。基于此，依据《中华人民共和国矿山安全法》《煤矿安全规程》《煤矿安全监察条例》《安全生产许可证条例》《国务院关于预防煤矿生产安全事故的特别规定》等相关法律法规、标准规范，针对具体矿井瓦斯地质情况、生产活动场所、生产工艺与流程、生产设备设施、生产人员与管理等全方位、全过程对各类前兆信息进行系统分析归类，在系统运行及后期检查中，不断补充完善前兆信息知识库，尽可能实现风险信息"纵向到底、横向到边、全面彻底、不留空缺"。

运用风险矩阵法，将三级前兆信息进行风险评估，从风险可能性及后果严重程度两方面赋值，完成数据库的基础配置，方便后续管理人员进行日常检查时点选，既避免了语义表述不一致带来的评估结果不准确，又减轻了安监员及管理人员的统计汇总工作量，只需将井下现场发现的问题记下，后期在系统中进行点选，一系列的分析结果及预警信息将会自动呈现。

前兆信息知识库配置编码为：一级类别代号，一级类别名称，二级类别代号，二级类别名称，三级类别代号，三级类别名称，可能性，后果严重程度。

前兆信息知识库的序列化风险配置信息如下：


```
{
  "possibility_tag": [1,2,3,4,5],
  "possibility_name": ["不可能","罕见","偶尔","可能","频繁"],
  "serious_tag": [1,2,3,4,5],
  "serious_name":["无伤害","轻微","一般","严重","灾难性"],
  "risk_equation": "#{possibility_tag} * #{serious_tag}",
  "alert_name": ["蓝色预警","黄色预警","橙色预警","红色预警"],
  "stage_name": ["低风险","一般风险","较大风险","重大风险"],
  "stage_upper": [8,14,19,25],
  "stage_lower": [1,9,15,20]
}
```


7.2 态势推演系统功能分析

7.2.1 多源信息融合

目前，煤矿企业对于瓦斯爆炸事故的预警主要是通过瓦斯浓度监测进行预警，防止瓦斯积聚是预防瓦斯爆炸事故发生的有效途径，但由于监测不到位、监测设备故障、人员未检测等原因造成瓦斯浓度监测信息不准确或不及时导致瓦斯爆炸事故发生；或瓦斯异常涌出等其他原因导致的瓦斯浓度激增，造成监测信息处理时间不足，进而引发瓦斯爆炸事故发生。瓦斯浓度监测数据是瓦斯爆炸事故最直接的预警信息，但信息的单一性使得预警的准确性、及时性及有效性存在问题。因此，需要借助多源信息进行瓦斯爆炸综合预警，运用多因素耦合风险态势推演，从瓦斯爆炸事故的演化路径进行风险信息预警，有助于瓦斯爆炸事故风险的超前管控。

（1）风险信息来源

煤矿井下瓦斯爆炸多源风险信息源主要包括矿井安全生产基础信息（地质构造情况、煤层自燃倾向性、煤层瓦斯含量、瓦斯涌出量、生产工艺、员工受教育水平等）、安全监控系统信息（瓦斯浓度监测参数、瓦斯涌出监测参数、设备运行状态参数、风速、风压、风门状态、风筒状态、局部通风机及主要风机开停状态等）及人工检查信息（便携式甲烷监测、生产设备监测、矿工操作行为检查等）。

（2）风险信息获取

风险信息获取主要采用监控系统监测及人工检查输入，将需要的瓦斯浓度、瓦斯涌出量监测、风速、风压监测、设备状态监测等传感器接入态势推演系统，实现风险数据实时监测更新；人工输入主要通过井下班组长及管理人员录入，根据日常监督检查情况及现场发现的问题，及时在系统内进行选定录入（为了避免录入人员语义表达的差异性，系统内嵌前兆信息数据库，录入人员根据现场情况按照提示进行风险信息选择；若发现存在风险信息与数据库不匹配情况，及时联系系统管理人员进行数据库的补充完善与更新）。

（3）风险信息融合

根据前期对煤矿瓦斯爆炸事故致因及耦合风险的演化分析，瓦斯爆炸事故前兆信息存在多样性和复杂性。一方面，瓦斯浓度、风速、风压等部分信息能够实时监测，并以精确的数据展现，但“三违”行为、安全技能水平、安全责任意识、安全教育培训等信息属于离散的、定性的，无法用精确的数值进行实时监测；另一方面，风险信息的展现形式及数据量纲存在差异，信息融合过程中要将定性信息定量化，定量信息无量纲处理。信息的准确性直接影响系统态势推演的结果，因此，需要从信息结构、信息量纲、信息获取、信息表示等方面提升风险信息的准确性，为后期系统推演预测提供数据支撑。

7.2.2 预警等级确定

（1）单因素风险等级及阈值确定

煤矿瓦斯爆炸态势推演系统主要包括单因素风险预警与多因素耦合风险预

警。单因素风险预警指关键风险因素超过阈值，例如瓦斯浓度，瓦斯浓度超限极有可能导致瓦斯爆炸事故发生，《煤矿安全规程》中对于不同场所瓦斯浓度的限值不同。采煤工作面的瓦斯浓度不得高于1%，断电浓度为1.5%；电焊、气焊和喷灯焊接等工作地点的瓦斯浓度不得高于0.5%。

当瓦斯浓度超过场所限定数值时，即认为系统处于极不安全状态，风险等级为红色预警；当瓦斯浓度未超限，但高于场所限定数值的90%时，风险等级为橙色预警；当瓦斯浓度为场所限定数值的[80%，90%)时，风险等级为黄色预警；当瓦斯浓度为场所限定数值的[70%，80%)时，风险等级为蓝色预警。风险预警等级可根据煤矿实际情况或具体要求进行调整。

点火源出现，根据系统监测设备状态参数(故障、失爆等)、爆破点，人工检查是否存在明火、爆破操作是否规范、火区管理是否规范等，一旦出现或极有可能出现火源，则认为系统处于不安全状态，根据现场情况判定风险等级为橙色及以上；违法违规组织生产，事故案例中该风险因素导致的瓦斯爆炸事故较多，一旦发现违规生产，则认为系统处于不安全状态，风险等级为红色预警。由于井下摩擦火花、撞击火花、电火花出现的随机性与偶然性，因此，对于点火源的管控只能从设备管理、人员管理和技术管理上加强监督，尽可能避免瓦斯超限与点火源的时空耦合。

(2) 多因素风险等级及阈值确定

多因素耦合风险预警指两个或两个以上风险因素耦合作用导致系统风险值超过可接受风险水平(低风险)，则认为系统处于不安全状态，风险等级为黄色以上。多因素耦合风险预警主要从三方面进行，首先是根据前期探索的强关联规则，一旦某一强关联规则中的因素均出现，则认为系统处于不安全状态。根据风险因素的耦合风险值和强关联规则的支持度、置信度确定风险等级，其中，耦合风险值根据风险矩阵的标准进行等级确定，如表7.2所列，支持度和置信度确定等级的标准如表7.3所列，两者相比取较高的级别进行预警。其次，根据上述提出的耦合风险值计算公式，运用风险矩阵确定风险等级进行预警。最后，根据态势推演系统的SD模型及演化规则，多因素耦合风险变化导致系统风险水平超过风险可接受水平，按照系统风险值进行风险等级预警。

表7.2　单因素及耦合风险因素等级确定标准

风险值 R	风险等级	预警
$R \geqslant 20$	Ⅰ级(重大风险)	红色预警
$15 \leqslant R < 20$	Ⅱ级(较大风险)	橙色预警
$9 \leqslant R < 15$	Ⅲ级(一般风险)	黄色预警
$1 < R < 9$	Ⅳ级(低风险)	蓝色预警

表 7.3　强关联规则 *SC* 风险等级确定标准

支持度 S/%	置信度 C/%	强关联规则/条	风险等级	预警
$S\geqslant 50$	$C\geqslant 80$	12	Ⅰ级(重大风险)	红色预警
$40\leqslant S<50$	$C\geqslant 80$	12	Ⅱ级(较大风险)	橙色预警
$35\leqslant S<40$	$C\geqslant 80$	14	Ⅲ级(一般风险)	黄色预警
$30\leqslant S<35$	$C\geqslant 80$	118	Ⅳ级(低风险)	蓝色预警

7.2.3　态势信息显示

为实现瓦斯爆炸风险信息的多重防控,避免因某一环节出错而导致事故预警失误,态势信息包括单因素风险信息和多因素风险信息,单因素风险信息以风险评估值为依据,将系统实时监测与人员日常检查采集的信息进行自动分析判定,以列表形式进行展示,以不同颜色进行态势区分,以日报表形式进行汇总,对于风险值较高(红色、橙色)的因素及时采取应对措施进行限期整改。

多因素风险信息主要分为三个模块,一是将系统实时监测与人员日常检查采集的信息自动进行耦合风险值计算,按照风险评判标准进行等级确定,以列表的形式将具体判定信息呈现;二是根据前期非线性映射关系分析得到的强关联规则,对于强关联规则中涉及的风险因素出现,根据风险因素的耦合风险值,以列表的形式将风险因素集、耦合风险值、风险等级、预警级别呈现;三是根据瓦斯爆炸多因素耦合风险推演模型,通过风险态势推演得到未来的发展趋势,对于负向影响较大或风险变化趋势明显的情况进行预警,以曲线图的形式将风险值进行展示,对风险值或风险变化量超过阈值的情况进行自动判定等级,将预警信息以列表的形式呈现。

7.3　态势推演系统功能实现

本系统使用云原生的微服务架构实现,将系统分为管理、监测、前台、数据库、云服务中心 5 个部分,如图 7.2 所示。云服务中心使用阿里巴巴自研引擎 Nacos,可实现配置统一管理、热重载配置、服务自动控制、负载均衡等功能,并可直接使用阿里云提供的解决方案 MSE/SAE 快速部署上云;管理与监测系统使用了开源 Spring 系列框架,可支持多线程高性能易扩展运行;数据库使用 MySQL8.0,可提供可靠的持久化保存与快速查询;前台使用了 Vue 框架组件编写的现代化界面。

当前的测试实例部署在腾讯云轻量应用服务器中,云服务中心、管理系统、监测系统使用了 Docker 容器支持快速迁移拓展,并且能够快速迭代,提供了无

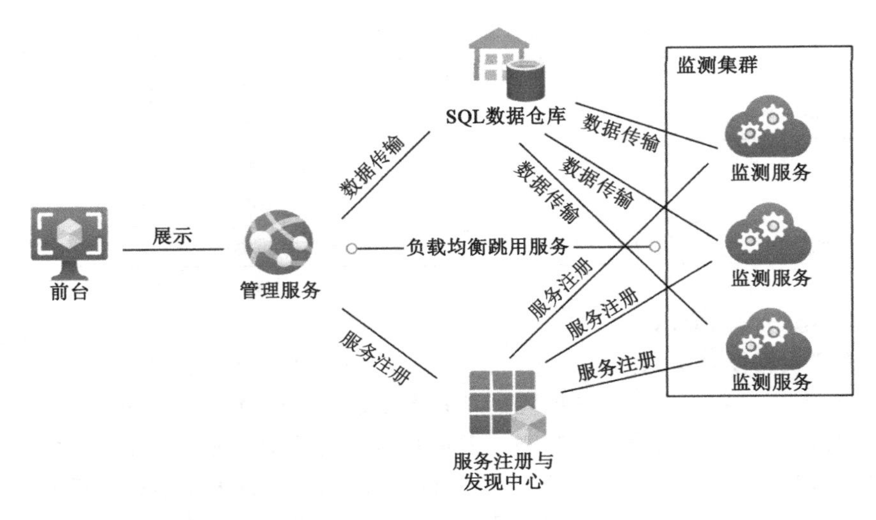

图 7.2　煤矿瓦斯爆炸耦合风险态势推演系统运行结构图

可比拟的跨平台性;数据库单元使用阿里云 RDS 云数据库集群,每个部分均能独自拓展。根据测试情况与监测数据,初步估计能保证启动并正常运行的服务器最低配置为:CPU 暂无限制;内存 Linux 下为 2 GB,Windows 下为 8 GB;存储空间 Nacos 需要 1 GB,管理系统需要 400 MB,监测系统需要 400 MB;网络根据需求放通对应端口,需要保证防火墙打开;Windows 需要 Windows10 专业版及以上并具有能打开 Hyper-V 与 WSL 功能。

为方便系统的推广与应用,避免 App 下载的烦琐,该系统采用网页设计原则,登录界面和系统首页如图 7.3 所示。

(a) 态势推演系统登录界面

图 7.3　煤矿瓦斯爆炸耦合风险态势推演系统登录界面及首页

注:系统首页为采煤工作面示意图示例,可根据煤矿实际情况进行替换。

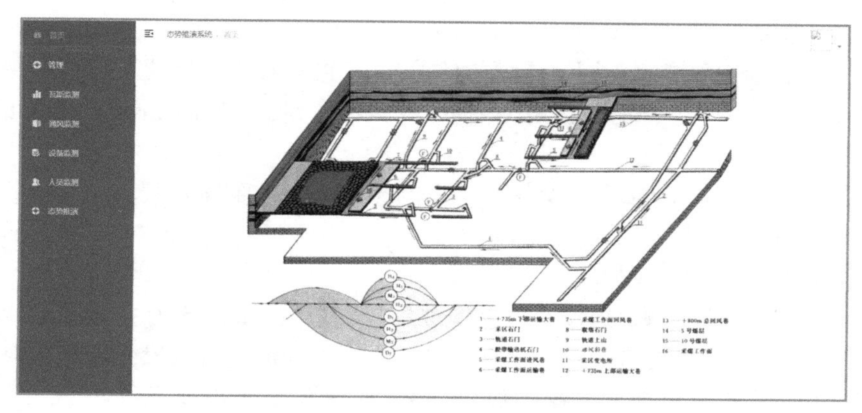

(b) 态势推演系统首页

图 7.3 （续）

7.3.1　系统管理模块

(1) 区域管理

区域管理主要是根据煤矿井下的基本生产信息，针对煤矿的不同矿井进行瓦斯爆炸危险度初级综合评估，反映矿井当前的瓦斯爆炸危险度情况，界面设置如图 7.4 所示。基于煤矿瓦斯爆炸事故微观致因分析，选取 11 个指标，运用函数分析法，将指标定量化，对矿井瓦斯爆炸危险度进行初步静态评估。该评估结果作为矿井的时段初始值，在一定时间内是静态的，后续根据矿井的实际情况进行更新。瓦斯爆炸危险度评估的 11 个指标是固定的，指标的不同情况对应不同的分值，检查人员根据现场实际情况选取每个指标的风险值，点击确定自动计算得出矿井的瓦斯爆炸危险值及对应的危险度。

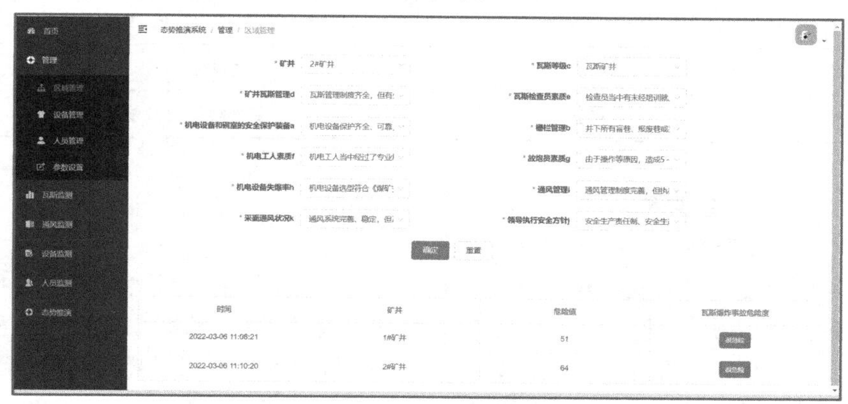

图 7.4　区域管理界面

(2) 设备管理

设备管理主要是将不同工作面的传感器、机电设备等布设情况进行汇总，管理设备的编码、型号、位置、工作面、部门负责人、维修保养记录等，相关代码如下：

[{ "id" : 1,"name" : "设备 1","department" : "部门 1","location" : "地点 1","workspace" : "工作面 1" },…]

(3) 人员管理

人员管理主要是账户管理、角色管理和权限设置，角色分为一线矿工、安监员、班组长、队长、系统管理员、安全矿长等，并对不同的角色设置不同的权限，具体情况根据煤矿需求进行设置。账户管理可以根据需求添加账号，或对已注册账号进行批量删除。

(4) 参数设置

根据《煤矿安全规程》中对于瓦斯浓度及风速的相关规定，针对井下不同区域的瓦斯浓度及风速限值，通过参数设置，将监测数据进行分类分区域管理，POST 参数如表 7.4 所列，相关代码如下：

[{ "id": 1,"workspace": "workspace1","type": "wind","lower_limit": 1,"upper_limit": 10000,"limit_type": "stress" }]

表 7.4　POST 参数

参数名	参数设置	参数说明
workspace	必选	工作区域名称，例如采煤工作面 1501 回风巷
type	必选	参数类型，主要是监测器
lower_limit	必选	低阈值，可作为数值的值
upper_limit	必选	高阈值
limit_type	可选	在监测有多种阈值的时候区分

7.3.2　风险信息监测

(1) 瓦斯监测

瓦斯浓度实时监测是煤矿瓦斯管理的主要内容，包括瓦斯实时监测数据的图形化输出、瓦斯报警阈值设置、报警方式的设置等功能，瓦斯浓度实时监测界面如图 7.5 所示。瓦斯实时监测数据的图形化输出是将不同采样时间间隔下瓦斯实时数据进行曲线描述，可以更加直观地表示工作面的瓦斯浓度变化过程。系统对井下瓦斯传感器的布设位置进行编码，例如“1501-1”分别对应“水平，采区，采面，排列-传感器编号”。以瓦斯传感器的编码作为监测对象，并进行数据读取和图形化显示传感器的实时监测数据。瓦斯报警阈值的设置是对传感器采样时间间隔和不同风险级别的瓦斯浓度预警值的设定。

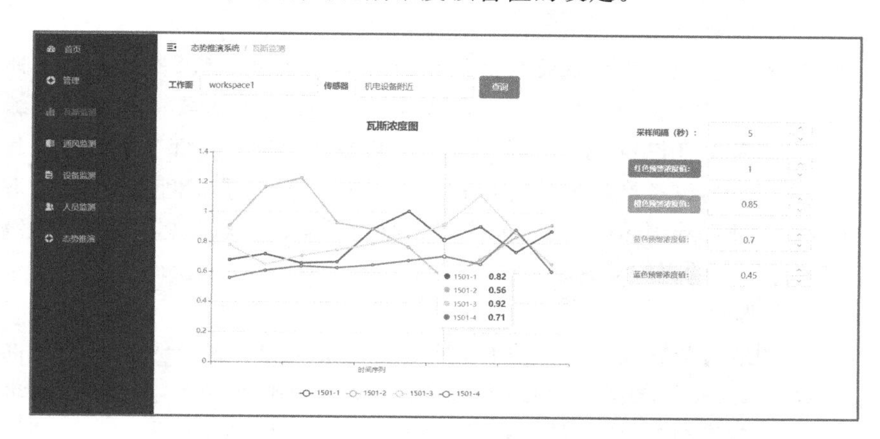

图 7.5　瓦斯浓度实时监测界面

注：横坐标为时间序列，纵坐标为瓦斯浓度（%），不同场所瓦斯浓度阈值不同，具体参照 7.2.2 小节内容，该图为采煤工作面示例。

（2）通风监测

通风监测主要通过对工作面的风速进行监测，避免由于通风问题导致的瓦斯积聚，风速实时监测界面如图 7.6 所示。系统对井下风速传感器的布设位置

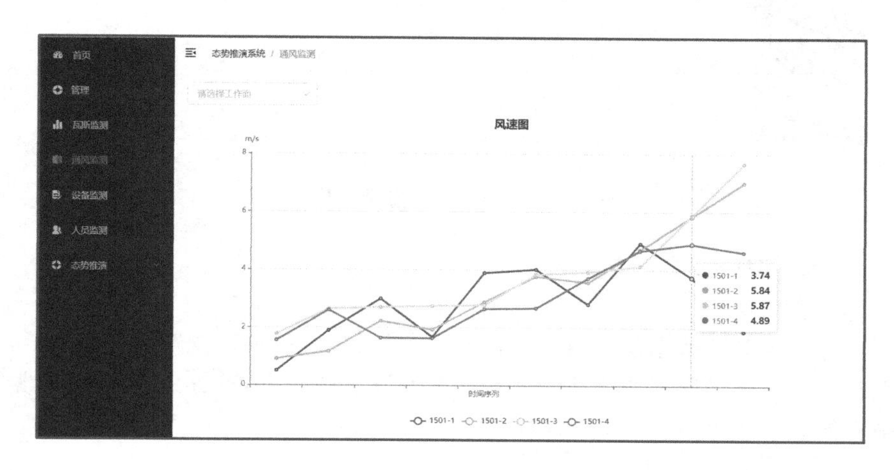

图 7.6　风速传感器实时监测界面

注：横坐标为时间序列，纵坐标为风速（m/s）。

进行编码，在瓦斯传感器编码的基础上，在传感器编号前缀添加 F(1501-F1)，用于区分瓦斯传感器与风速传感器。以风速传感器的编码作为监测对象，并进行数据读取和图形化显示风速传感器的实时监测数据。

（3）设备监测

设备监测主要是采用井下设备监控系统和人员监测为依据，对于井下通风设备（通风机、反风装置等）、中央变电所设备（矿用隔爆变压器、配电装置、综保装置等）、供电及电气设备、安全监测监控、瓦斯抽采设备及矿灯等可能导致瓦斯积聚和火源产生的设备设施的运行异常情况进行监测记录。例如，通过井下通风机监测系统进行数据传输，实时准确监测通风机运行状态、风量、风压等参数，通过设定阈值，自动提取异常值。

（4）人员监测

人员监测通过日常安全检查进行，对于现场发现的问题及时录入态势推演系统，有助于风险信息的融合及处理，人员信息录入界面如图 7.7 所示。当班安监员根据现场检查情况，将现场发现的问题录入系统，作为系统后续态势推演的基础信息。

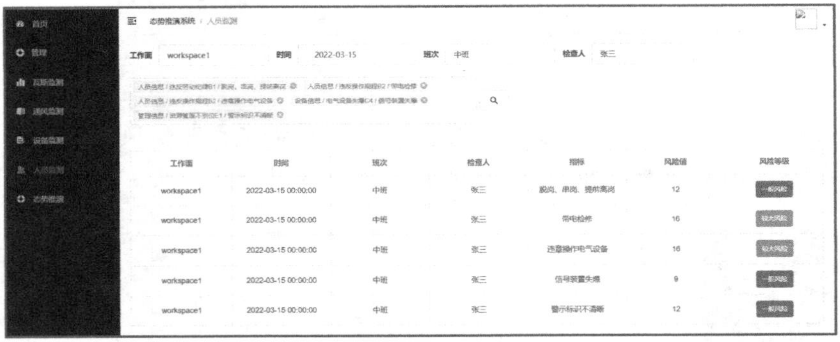

图 7.7　人员监测信息录入界面

7.3.3　风险态势推演

（1）单因素

根据系统监测数据及人员录入信息，通过系统后端参数设置及等级划分，自动汇总矿井中超过阈值或风险等级为较大及以上的因素，进行分级预警，数据测试结果如图 7.8 所示。

（2）多因素

① 强关联规则推演

根据第 4 章挖掘的 156 条强关联规则（$S \geq 30\%$，$C \geq 80\%$），对于日常检查

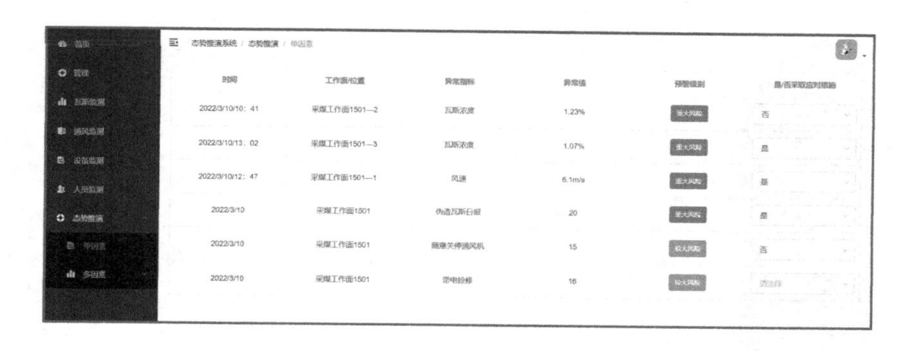

图 7.8 瓦斯爆炸单因素态势推演界面

监测中发现的问题，系统按照后端设置的强关联规则推演规则，结合表 7.3 中强关联规则的风险等级判定标准，从时间、工作面、风险因素、风险值、风险等级等方面自动将预警信息汇总，如图 7.9 所示。

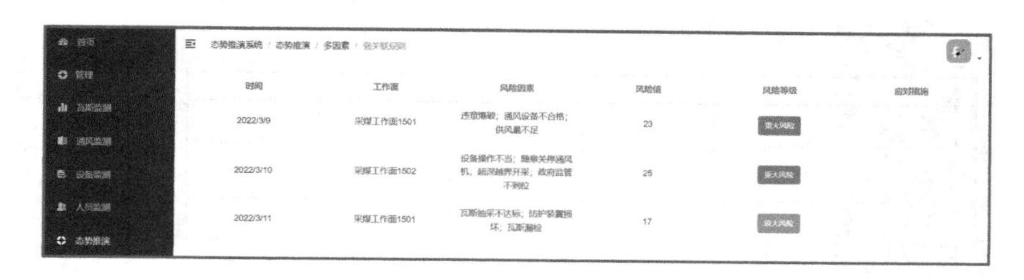

图 7.9 瓦斯爆炸多因素强关联规则态势推演界面

② 耦合风险值推演

井下安监员根据当班检查巡视过程中发现的问题，将风险信息录入系统，通过后端设置的耦合风险值计算公式，基于单因素风险值推演耦合风险值，判定耦合风险等级，进行风险分级预警，系统展示的耦合风险值折线图如图 7.10 所示。

③ 风险耦合 SD 模型推演

根据第 6 章构建的基于系统动力学的多因素耦合风险推演模型，结合态势推演系统中录入的单风险因素的风险值，预测矿井瓦斯爆炸风险变化趋势及相关因素的风险变化趋势(未采取任何干预策略)，如图 7.11 所示。按照风险趋势制定相应的对策措施，以期为管控瓦斯爆炸风险，提升系统安全水平提供决策依据。

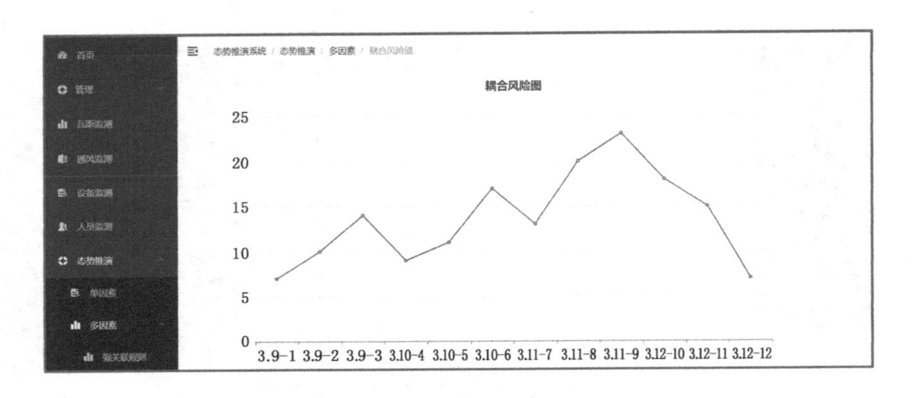

图 7.10　瓦斯爆炸多因素耦合风险态势推演界面

注：横坐标为时间段，示例：3 月 9 日第一班，第二班，第三班；

纵坐标为风险值，无量纲。

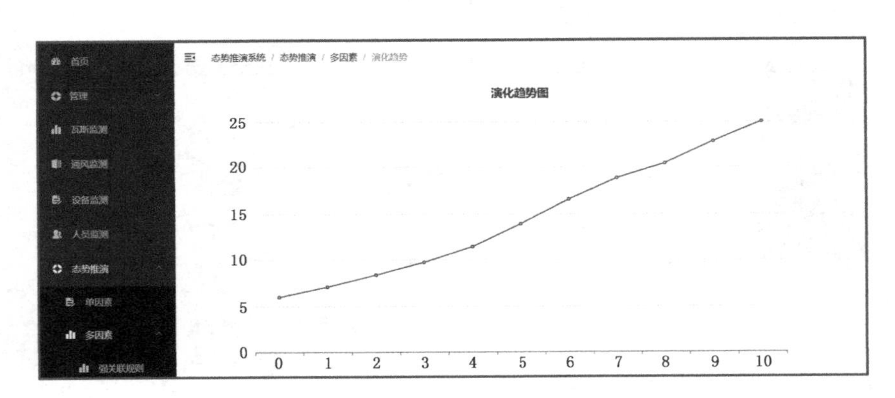

图 7.11　瓦斯爆炸风险演化态势推演界面

注：横坐标为推演时间，由于演化具有延迟及滞后效应，

因此时间段设置为月；纵坐标为风险值，无量纲。

7.4　态势推演系统现场应用

本书对于瓦斯爆炸耦合风险态势推演系统的开发，前期仅针对煤矿的通用基本信息进行了功能实现。不同的煤矿其使用需求、安全生产现状、信息化技术、设备实施等情况大不相同，包括前兆信息等级、界面设置、功能实现、硬件设备、软件设备等需要根据煤矿的实际情况及需求进行调整对接，进一步提高态势推演系统的适用性和可行性。目前，瓦斯爆炸耦合风险态势推演系统尚处于测试使用阶段，已通过系统内部测试，功能基本实现。由于硬件布设、软件及网络部署需要耗费大量的财力，部分接口未连接到煤矿监控系统及井下传感器。为测试系统的可行性及适用性，选取某一煤矿进行现场应用，及时发现系统运行中存在的问题，进一步优化提升。

7.4.1 工程背景

某矿 211 工作面走向长度 4 087 m(胶带巷)/4 293 m(回风巷)，工作面长度 300.5 m，留大巷煤柱 181/387 m，可采长度 3 900 m，煤层平均厚度 3.0 m，煤密度 1.37 t/m^3，地质储量 517.5 万吨，采出率 95%，可采储量 457.6 万吨。工作面选用智能机械化走向长壁后退式一次采全高的采煤法；吨煤瓦斯含量最高为 7.7 m^3，最低为 0.61 m^3；煤层具有自燃倾向性，自燃倾向性等级Ⅱ类(自燃)，自然发火期为 58 d；煤尘具有爆炸性，爆炸指数 31.4。

(1) 瓦斯检查情况

① 瓦斯检查工对进风巷、工作面、上下隅角、回风巷、水仓、移动变压器附近、密闭墙甲烷浓度进行巡回检查，每班至少检查三次。

② 队长、跟班队长、工程技术人员、班长、电工、采煤机司机入井必须携带便携式甲烷检测报警仪。工作面回风隅角悬挂便携式甲烷检测仪，对工作面瓦斯进行监测。

③ 工作面过地质构造带或瓦斯异常区域期间，瓦斯检查工必须现场跟班检查瓦斯浓度。

(2) 传感器布设情况

在工作面上隅角、工作面回风巷距工作面小于或等于 10 m 处、回风巷中部及距回风出口以里 10～15 m 处、回风巷混合风流处、回风巷水仓、钻场、回风巷电气设备处、辅运巷正头、辅运巷中部、胶带巷距工作面 10 m 处分别安设了甲烷传感器。

7.4.2 应用分析

(1) 瓦斯浓度实时监测

选取该矿 2022 年 3 月 20 日 211 工作面、回风流和上隅角的瓦斯浓度监测数据，导入态势推演系统，一旦瓦斯浓度达到系统预设限值，将会发出警报，进行不同级别的预警。如图 7.12 所示，从 3 月 20 日的瓦斯浓度监测情况来看，211 工作面、上隅角、回风流瓦斯浓度均未超限。瓦斯浓度在限值范围内波动变化，变化率在 30%左右。说明该矿当日瓦斯浓度处于稳定状态，未发生突变情况。瓦斯浓度监测需要从不同时刻的浓度值及浓度变化率两方面进行考虑，需要保证不同位置传感器传送的瓦斯浓度在可控范围内。

(2) 单因素风险信息

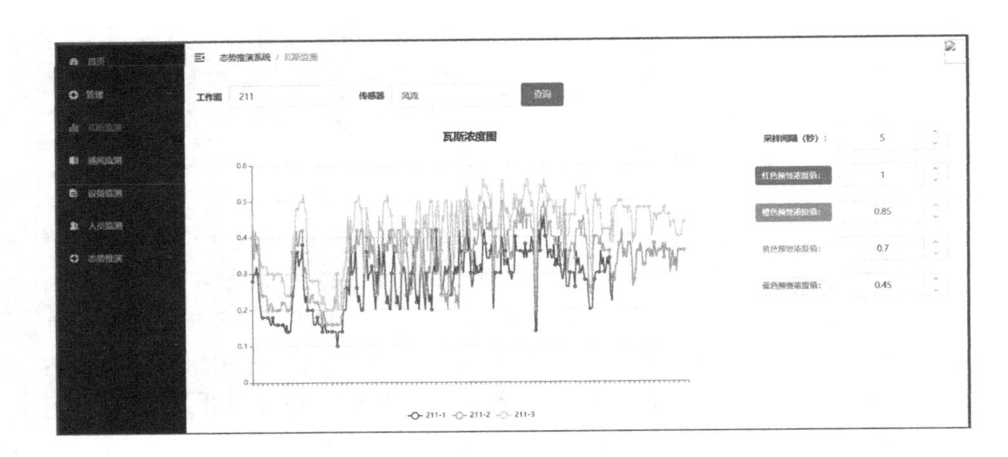

图 7.12　瓦斯浓度实时监测输出

选取该矿近期的 5 次检查记录，通过点选的方式将信息录入系统，共录入 13 条风险信息。由于现场采集的数据相对较少，因此单风险因素将一般及以上风险进行汇总，如图 7.13 所示。目前，该矿 211 工作面存在风筒漏风、栅栏管理不合规、工作时间休息等现象，需要采取应对措施进一步管控。

态势推演系统 / 态势推演 / 单因素

时间	工作面/位置	异常指标	异常值	预警级别	是/否采取应对措施
2022-03-06 08:00:00	采煤工作面211	风筒漏风	12	一般风险	请选择
2022-03-07 08:00:00	采煤工作面211	栅栏管理不合规	9	一般风险	请选择
2022-03-15 08:00:00	采煤工作面211	瓦斯漏检	15	较大风险	请选择
2022-03-20 08:00:00	采煤工作面211	工作时间休息	9	一般风险	请选择
2022-03-21 08:00:00	采煤工作面211	擅自更改或不执行指令	9	一般风险	请选择

图 7.13　单因素推演结果

(3) 多因素态势推演

① 强关联规则推演

从单因素风险信息中可得，井下出现违反操作规程、违反劳动纪律、设备可靠性差及资源管理不到位的问题，通过强关联规则挖掘，该风险组合的规则支持度为 36.67%，置信度高于 80%，提升度大于 1.1。由于现场检查之后迅速采取了管控措施，使得违章行为及管理不到位现象得到控制与改善，这 5 个异常指标并未在时空交叉耦合，因此，关联规则推演界面未显示风险信息。

② 耦合风险值推演

根据5次检查的风险信息录入，系统自动计算耦合风险值，分别为9.36，13.72，16.97，9.00和10.25(下一次的耦合风险值计算涵盖了上一次检查出的未采取措施进行管控的风险信息)，由此可得，系统瓦斯爆炸风险水平波动变化处于一般风险水平，但由于第三次检查发现存在瓦斯漏检现象，导致耦合风险值达到较大风险水平，对此情况及时采取批评教育的措施，有效制止了违章行为的持续发生。

③ SD模型推演

根据图7.14可知，该矿当前处于低风险状态，但随着时间的推移，若系统针对当前存在的风险信息不采取任何管控策略，系统瓦斯爆炸风险等级会逐步提高，第3个月的时候将从低风险转变为一般风险，且第5个月以后将达到较大及以上风险等级。在第5个月之前采取管控措施，加强井下隐患排查治理工作，根据应对措施来调整系统参数，由推演趋势可知，系统瓦斯爆炸风险水平在一段时间呈现稳定状态，后续较之前不采取任何干预策略提高速度变缓。在系统瓦斯爆炸风险演化过程中，由于风险扰动或干预策略介入，演化趋势将发生一定的变化。

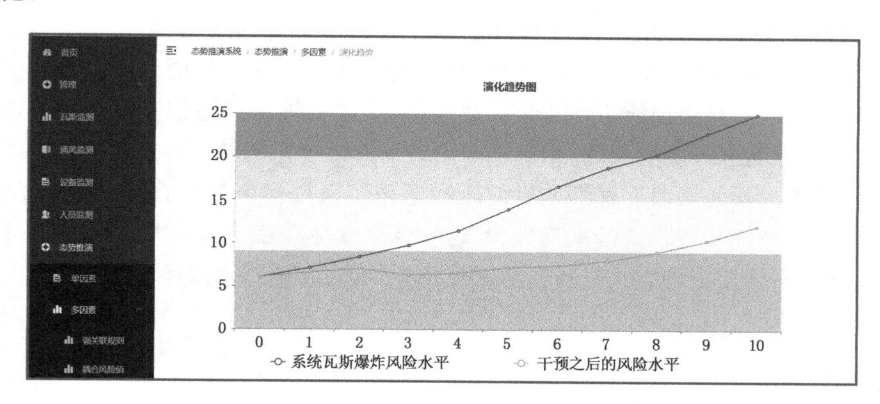

图7.14　系统瓦斯爆炸风险水平演化趋势

7.5　本章小结

根据前期的理论分析和模型构建，基于JDK1.9+平台，运用JetBrains IDEA、JetBrains Pycharm、JetBrains WebStorm等工具开发煤矿瓦斯爆炸耦合风险态势推演系统。该系统将瓦斯爆炸风险信息融合，通过后端内嵌的前兆信息知识库、推演模型和风险计算公式，从单因素和多因素两方面对瓦斯爆炸风险进行态势推演，实现基于多源信息融合的瓦斯爆炸耦合风险在线快速判定与预警。主要得出以下结论：

（1）从系统功能结构上看，态势推演系统包括管理模块、信息模块、监测模块和推演模块4个部分。管理模块主要包括区域管理、人员管理、设备管理和参数设置；信息模块主要是实现数据实时更新和结果可视化；监测模块是系统运行的基础，包括风险信息来源、信息获取和信息融合；推演模块主要从单因素和多因素两方面进行，实现了多源信息融合和风险快速判定。

（2）监测信息来源包括矿井基础信息、监控系统数据及人员检查信息，主要从瓦斯监测、通风监测、设备监测和人员监测4方面进行风险信息获取及融合。瓦斯、通风和设备监测信息通过煤矿监控系统进行条件传输，人员监测基于系统后端构建的前兆信息知识库，通过点选的方式进行风险信息输入，可以实现风险信息实时更新，弥补了以往对于瓦斯爆炸风险信息获取的单一性。

（3）鉴于瓦斯爆炸的瞬时性，应尽量避免瓦斯积聚和火源出现。因此，单因素态势推演以导致瓦斯爆炸事故发生的微观机理条件为目标，选取瓦斯浓度、通风状况、违章爆破、电气设备失爆等可能导致瓦斯积聚和点火源出现的因素；关联规则中条件支持度高于50%的因素以及风险等级为较大及以上的因素作为关键指标，关键指标一旦出现，必须及时采取应对措施进行管控。

（4）多因素态势推演主要从强关联规则、多因素耦合风险值和系统风险演化SD模型三方面进行推演预测，弥补了当前以瓦斯浓度监测单一指标为主要手段的瓦斯爆炸事故预防策略。瓦斯浓度监测数据是瓦斯爆炸事故最直接的预警信息，但信息的单一性使得预警的准确性、及时性及有效性存在问题。因此，本书基于多源信息融合，运用多种方式进行瓦斯爆炸预警，实现瓦斯爆炸风险超前管控。

参考文献

[1] 中华人民共和国应急管理部新闻宣传司. 煤矿瓦斯爆炸原因分析及防治办法[EB/OL]. (2019-4-1)[2023-05-10]. https://www.mem.gov.cn/kp/sgzn/201904/t20190401_366204.shtml.

[2] 袁亮. 深部采动响应与灾害防控研究进展[J]. 煤炭学报,2021,46(3):716-725.

[3] 谢和平,周宏伟,薛东杰,等. 我国煤与瓦斯共采:理论、技术与工程[J]. 煤炭学报,2014,39(8):1391-1397.

[4] ZHOU F B,XIA T Q,WANG XX,et al. Recent developments in coal mine methane extraction and utilization in China:a review[J]. Journal of natural gas science and engineering,2016,31:437-458.

[5] 林海飞,李树刚,赵鹏翔,等. 我国煤矿覆岩采动裂隙带卸压瓦斯抽采技术研究进展[J]. 煤炭科学技术,2018,46(1):28-35.

[6] 李树刚,张静非,尚建选,等. 双碳目标下煤气同采技术体系构想及内涵[J]. 煤炭学报,2022,47(4):1416-1429.

[7] 贺耀宜,贺安民,安世岗,等. 煤矿井下固定场所和移动场瓦斯监测融合研究[J]. 工矿自动化,2017,43(11):11-15.

[8] 王恩元,李忠辉,李保林,等. 煤矿瓦斯灾害风险隐患大数据监测预警云平台与应用[J]. 煤炭科学技术,2022,50(1):142-150.

[9] 潘荣锟,程远平,余明高,等. 防控采煤工作面瓦斯燃烧新技术实验研究[J]. 煤炭学报,2012,37(11):1854-1858.

[10] CHENG J W, LUO Y, ZHOU F B. Explosibility safety factor: an approach to assess mine gas explosion risk[J]. Fire technology,2015,51(2):309-323.

[11] 李新春,刘全龙,孙祥佼. 基于风险预控的煤矿瓦斯爆炸事故人员不安全行为风险度量[J]. 煤矿安全,2014,45(11):225-229.

[12] MENG X F, LIU Q L, LUO X X, et al. Risk assessment of the unsafe behaviours of humans in fatal gas explosion accidents in China's underground coal mines[J]. Journal of cleaner production, 2019, 210: 970-976.

[13] 景国勋,陈纪宏.基于SPA-VFS耦合模型的瓦斯爆炸风险评价[J].安全与环境学报,2023,23(7):2151-2158.

[14] 皮子坤,贾宝山,贾廷贵,等.基于前景理论和区间数的煤矿瓦斯爆炸风险评价[J].中国安全科学学报,2017,27(6):91-96.

[15] 谢国民,单敏柱,付华.基于FOA-SVM的煤矿瓦斯爆炸风险模式识别[J].控制工程,2018,25(10):1859-1864.

[16] 成连华,解萌玥,左敏昊,等.基于ISM-BN的煤矿瓦斯爆炸风险评判方法及其应用[J].煤矿安全,2022,53(10):1-8.

[17] 成连华,郭阿娟,刘黎,等.基于拓扑网络算法的煤矿瓦斯爆炸风险度量[J].西安科技大学学报,2022,42(2):268-275.

[18] SELVA J. Long-term multi-risk assessment: statistical treatment of interaction among risks[J]. Natural hazards, 2013, 67(2): 701-722.

[19] 孙继平.屯兰煤矿"2·22"特别重大瓦斯爆炸事故原因及教训[J].煤炭学报,2010,35(1):72-75.

[20] ZHANG J J, CLIFF D, XU K L, et al. Focusing on the patterns and characteristics of extraordinarily severe gas explosion accidents in Chinese coal mines[J]. Process safety and environmental protection, 2018, 117: 390-398.

[21] 陈红,祁慧,谭慧.基于特征源与环境的煤矿重大瓦斯爆炸规律[J].辽宁工程技术大学学报,2005,24(6):793-796.

[22] 陈红,祁慧,谭慧.中国煤矿重大瓦斯爆炸事故规律分析[J].中国矿业,2005,14(3):66-70,74.

[23] YIN W T, FU G, YANG C, et al. Fatal gas explosion accidents on Chinese coal mines and the characteristics of unsafe behaviors: 2000—2014[J]. Safety science, 2017, 92: 173-179.

[24] 周心权,陈国新.煤矿重大瓦斯爆炸事故致因的概率分析及启示[J].煤炭学报,2008,33(1):42-46.

[25] 殷文韬,傅贵,袁沙沙,等.2001—2012年我国重特大瓦斯爆炸事故特征及发生规律研究[J].中国安全科学学报,2013,23(2):141-147.

[26] 谭国庆,周心权,曹涛,等.近年来我国重大和特别重大瓦斯爆炸事故的新

特点[J]. 中国煤炭,2009,35(4):7-9,13.

[27] 杨永辰,孟金锁,王同杰,等. 采煤工作面特大瓦斯爆炸事故原因分析[J]. 煤炭学报,2007,32(7):734-736.

[28] WANG L,CHENG Y P,LIU H Y. An analysis of fatal gas accidents in Chinese coal mines[J]. Safety science,2014,62:107-113.

[29] 李润求,施式亮,念其锋,等. 近 10 年我国煤矿瓦斯灾害事故规律研究[J]. 中国安全科学学报,2011,21(9):143-151.

[30] 安明燕,杜泽生,张连军. 2007—2010 年我国煤矿瓦斯事故统计分析[J]. 煤矿安全,2011,42(5):177-179.

[31] 王建国,傅文,刘颖. 2012—2016 年我国煤矿较大以上瓦斯事故发生规律分析研究[J]. 矿业安全与环保,2018,45(6):108-111.

[32] 刘建胜,王晓蕾. 2001—2013 年我国煤矿瓦斯爆炸事故基本特征与发生规律探讨[J]. 中州煤炭,2014(9):72-76.

[33] YANG C L, LI X C, REN Y B, et al. Statistical analysis and countermeasures of gas explosion accident in coal mines[J]. Procedia engineering,2014,84:166-171.

[34] AJRASH M J,ZANGANEH J,MOGHTADERI B. Methane-coal dust hybrid fuel explosion properties in a large scale cylindrical explosion chamber[J]. Journal of loss prevention in the process industries,2016,40:317-328.

[35] 余明高,孔杰,王燕,等. 不同浓度甲烷-空气预混气体爆炸特性的试验研究[J]. 安全与环境学报,2014,14(6):85-90.

[36] XU Y,HUANG Y M,MA G W. A review on effects of different factors on gas explosions in underground structures[J]. Underground space,2020,5(4):298-314.

[37] 葛瑛,傅贵. 特别重大瓦斯爆炸事故行为原因及预防策略研究[J]. 煤矿安全,2018,49(10):234-236,240.

[38] 王国栋,杨秀铁. 近年来煤矿瓦斯爆炸事故技术原因及应对措施研究[J]. 煤矿安全,2018,49(1):230-232,236.

[39] GAO K,LI S N,HAN R,et al. Study on the propagation law of gas explosion in the space based on the goaf characteristic of coal mine[J]. Safety science,2020,127:104693.

[40] 王秋红,王二飞,陈晓坤,等. 管道内瓦斯爆炸火焰传播压力与温度特性[J]. 中南大学学报(自然科学版),2020,51(1):239-247.

[41] PATTERSON J M, SHAPPELL S A. Operator error and system deficiencies: analysis of 508 mining incidents and accidents from Queensland, Australia using HFACS [J]. Accident analysis and prevention,2010,42(4):1379-1385.

[42] LENNÉ M G,SALMON P M,LIU C C,et al. A systems approach to accident causation in mining:an application of the HFACS method[J]. Accident analysis and prevention,2012,48:111-117.

[43] SALEH J H,CUMMINGS A M. Safety in the mining industry and the unfinished legacy of mining accidents: safety levers and defense-in-depth for addressing mining hazards[J]. Safety science,2011,49(6):764-777.

[44] YU H M,CHEN H. Production output pressure and coal mine fatality seasonal variations in China,2002—2011[J]. Journal of safety research, 2013,47:39-46.

[45] 时国庆,周涛,刘茂喜,等. 矿井火区封闭进程中瓦斯爆炸危险性的数值模拟分析[J]. 中国矿业大学学报,2017,46(5):997-1006.

[46] 孙继平. 基于物联网的煤矿瓦斯爆炸事故防范措施及典型事故分析[J]. 煤炭学报,2011,36(7):1172-1176.

[47] 张津嘉,许开立,李力,等. 基于社会技术系统理论的瓦斯爆炸事故分析[J]. 东北大学学报(自然科学版),2018,39(5):736-740.

[48] 雷煜斌,陈兆波,曾建潮,等. 基于关联规则的煤矿瓦斯事故致因链研究[J]. 煤矿安全,2016,47(8):240-243.

[49] 温廷新,孔祥博. 基于 KPCA-GA-BP 的煤矿瓦斯爆炸风险模式识别[J]. 安全与环境学报,2021,21(1):19-26.

[50] LI M,WANG H T,WANG D M,et al. Risk assessment of gas explosion in coal mines based on fuzzy AHP and Bayesian network[J]. Process safety and environmental protection,2020,135:207-218.

[51] 鲁锦涛,任利成,戎丹,等. 基于灰色-物元模型的煤矿瓦斯爆炸风险评估[J]. 中国安全科学学报,2021,31(2):99-105.

[52] 汪圣伟,李希建,代芳瑞,等. 基于改进 AHP-SPA 的煤矿瓦斯爆炸风险评价[J]. 矿业研究与开发,2021,41(4):113-117.

[53] LEVESON N G,STEPHANOPOULOS G. A system-theoretic,control-inspired view and approach to process safety[J]. AIChE journal,2014, 60(1):2-14.

[54] LEVESON N G. Applying systems thinking to analyze and learn from

events[J]. Safety science,2011,49(1):55-64.

[55] 田水承,梁清,马文赛,等.煤矿瓦斯爆炸险兆事件致因模型构建[J].煤矿安全,2017,48(4):226-229,233.

[56] FU G, ZHAO Z, HAO C, et al. The accident path of coal mine gas explosion based on 24Model: a case study of the Ruizhiyuan gas explosion accident[J/OL]. Processes, 2019, 7(2): 1-18(2019-02-02)[2022-08-20]. HTTPS://DOI.ORG/10.3390/PR7020073.

[57] 殷文韬,傅贵,祝楷,等.基于行为安全的采空区瓦斯爆炸事故原因分析[J].煤矿安全,2015,46(7):239-241.

[58] 索晓.煤矿瓦斯爆炸事故致因分析方法与应用研究[D].北京:中国矿业大学(北京),2018.

[59] 祝楷.基于系统论的STAMP模型在煤矿事故分析中的应用[J].系统工程理论与实践,2018,38(4):1069-1081.

[60] 成连华,李树刚,林海飞,等.基于情景认知的煤矿瓦斯爆炸事故进程研究[J].煤矿安全,2010,41(9):108-111.

[61] 刘鹏,赵慧含,仰彦妍,等.基于OWL的瓦斯爆炸事故语义本体构建及推理[J].煤炭科学技术,2018,46(8):16-23.

[62] 杨萌萌,袁梅,许石青.基于Petri网的煤矿瓦斯爆炸危险源分析[J].工矿自动化,2015,41(9):67-70.

[63] 张津嘉,许开立,王贝贝,等.瓦斯爆炸事故演化机理的综合论事故模型研究[J].中国安全科学学报,2015,25(4):53-57.

[64] 施式亮,李润求,何利文,等.基于分形学的瓦斯爆炸事故时序数据分析模型及应用[J].中国安全科学学报,2011,21(10):10-15.

[65] 张津嘉,许开立,王延瞳,等.特别重大瓦斯爆炸事故致因机制研究[J].中国安全科学学报,2017,27(1):48-52.

[66] 李新春,刘全龙,乔万冠,等.多因素耦合作用下煤矿事故复杂性机理及其风险度量研究[M].徐州:中国矿业大学出版社,2016.

[67] ZHANG J J, XU K L, YOU G, et al. Causation analysis of risk coupling of gas explosion accident in Chinese underground coal mines[J]. Risk analysis, 2019, 39(7):1634-1646.

[68] 潘启东,张瑞新,赵红泽.复杂网络理论在煤矿灾害研究中的应用探讨[J].煤矿开采,2011,16(4):1-4.

[69] 李岩,施式亮,陈晓勇.基于N-K模型的煤矿顶板事故风险因素耦合分析[J].安全,2018,39(10):8-12.

[70] 李兴东，王少强，陈洋蕾，等. 煤矿内因火灾危险性评价新耦合模型[J]. 煤矿安全，2018，49(7)：159-163.
[71] 彭信山. 综掘工作面复杂条件下人-环境耦合关系研究[D]. 焦作：河南理工大学，2011.
[72] 刘全龙，李新春，张庆彩. 煤矿瓦斯事故多危险源耦合作用分析及风险度量[J]. 煤矿安全，2011，42(7)：189-192.
[73] 殷文韬，王秀明，邵鹏程，等. 煤矿瓦斯爆炸事故中的设备设施分类及其耦合规律研究[J]. 煤炭工程，2016，48(6)：103-105.
[74] 李润求，施式亮，罗文柯. 煤矿瓦斯爆炸事故特征与耦合规律研究[J]. 中国安全科学学报，2010，20(2)：69-74，178.
[75] 乔万冠，李新春. 多因素耦合作用下煤矿企业风险评价[J]. 煤炭工程，2014，46(4)：145-148.
[76] 张津嘉，许开立，王贝贝，等. 瓦斯爆炸事故风险耦合演化机理研究[J]. 中国安全科学学报，2016，26(3)：81-85.
[77] 张津嘉，许开立，王延瞳，等. 瓦斯爆炸事故风险耦合分析[J]. 东北大学学报(自然科学版)，2017，38(3)：414-417.
[78] CIOCA I L，MORARU R I. Explosion and/or fire risk assessment methodology：a common approach，structured for underground coalmine environments[J]. Archives of mining sciences，2012，57(1)：53-60.
[79] MAHDEVARI S，SHAHRIAR K，ESFAHANIPOUR A. Human health and safety risks management in underground coal mines using fuzzy TOPSIS[J]. The science of the total environment，2014，488/489：85-99.
[80] FISNE A，ESEN O. Coal and gas outburst hazard in Zonguldak Coal Basin of Turkey，and association with geological parameters[J]. Natural hazards，2014，74(3)：1363-1390.
[81] 黄冬梅. 基于三类危险源分析的瓦斯爆炸事故灰色-层次评价[J]. 山东科技大学学报(自然科学版)，2017，36(6)：103-108，116.
[82] 伍诺坦，罗文柯，汤霞芳. 煤矿瓦斯爆炸风险的模糊数学评价[J]. 矿业工程研究，2015，30(2)：22-26.
[83] 于观华，田水承，王莉，等. 基于三类危险源的掘进工作面瓦斯爆炸模糊综合安全评价[J]. 矿业安全与环保，2013，40(1)：111-114.
[84] 潘超，左宇军. 基于FAHP-FCE模型的煤矿瓦斯爆炸危险性评价研究[J]. 工业安全与环保，2015，41(2)：32-36.
[85] 张涛涛，薛晔. 基于粗糙集属性约简方法的煤矿瓦斯爆炸灾害风险指标体

系[J]. 煤矿安全,2014,45(1):136-139.

[86] 李新春,刘全龙. 煤矿瓦斯爆炸事故单危险源风险度量模型研究[J]. 统计与信息论坛,2014,29(3):88-94.

[87] NIAN Q F, SHI S L, LI R Q. Research and application of safety assessment method of gas explosion accident in coal mine based on GRA-ANP-FCE[J]. Procedia engineering,2012,45:106-111.

[88] 张宁,盛武. 基于贝叶斯网络的煤矿瓦斯爆炸事故致因分析[J]. 工矿自动化,2019,45(7):53-58.

[89] 韩玉建,陈建宏,周智勇. 基于心态指标的煤矿瓦斯爆炸区间数模糊评价[J]. 中国安全科学学报,2010,20(2):83-88.

[90] 邓小松. 基于 AHP 的瓦斯爆炸事故危险源风险评价[J]. 煤炭工程,2015,47(3):141-143.

[91] 安永林,彭立敏,张运良,等. 可拓法评估煤矿瓦斯爆炸易发性[J]. 灾害学,2007,22(4):21-24.

[92] 桂祥友,郁钟铭. 基于灰色关联分析的瓦斯突出危险性风险评价[J]. 采矿与安全工程学报,2006,23(4):464-467.

[93] 魏引尚,张俭让,常心坦. 基于信息熵的矿井瓦斯积聚危险性评价探讨[J]. 矿业安全与环保,2005,32(2):25-26.

[94] 张爱然,罗新荣,杨飞,等. 基于模糊神经网络的瓦斯爆炸危险性评价模型[J]. 黑龙江科技学院学报,2008(1):54-57.

[95] KRAUSE E, KRZEMIEŃ K. Methane risk assessment in underground mines by means of a survey by the panel of experts (sope)[J]. Journal of sustainable mining,2021,13(2):6-13.

[96] 刘芮葭. 煤矿瓦斯爆炸危险性的灰类-IAHP 评价[J]. 中国安全科学学报,2016,26(5):99-104.

[97] 施式亮,李润求. 煤矿瓦斯爆炸事故演化危险性评价的 AHP-GT 模型及应用[J]. 煤炭学报,2010,35(7):1137-1141.

[98] 念其锋,施式亮,李润求. 煤矿瓦斯爆炸危险性的 ANP-SPA 评价模型及应用[J]. 科技导报,2013,31(23):40-44.

[99] 罗振敏,李逵,安亚飞,等. 基于改进突变级数法的瓦斯爆炸危险性评价[J]. 煤矿安全,2018,49(6):246-250.

[100] 张旺,冯涛,武剑,等. 基于突变级数法的煤矿瓦斯爆炸危险性评价[J]. 矿业工程研究,2016,31(1):41-45.

[101] 贾宝山,皮子坤,李锐,等. 煤矿瓦斯爆炸灰色-IAHP 危险性评价模型及应

用[J]. 辽宁工程技术大学学报(自然科学版),2017,36(9):909-913.
[102] 李润求,施式亮,念其锋,等. 基于 IAHP-ECM 的瓦斯爆炸灾害风险评估[J]. 中国安全科学学报,2013,23(3):62-67.
[103] TONG X, FANG W P, YUAN S Q, et al. Application of Bayesian approach to the assessment of mine gas explosion[J]. Journal of loss prevention in the process industries,2018,54:238-245.
[104] 念其锋,施式亮,李润求. 煤矿瓦斯爆炸灾害态势评估的 GRA-ANP-FCE 模型及应用[J]. 安全与环境学报,2014,14(2):80-84.
[105] 刘慧玲,牛国庆,李垣志. 基于 AHP 未确知测度模型的瓦斯爆炸风险评价[J]. 煤矿安全,2016,47(12):157-159,163.
[106] SHI S L,JIANG B Y,MENG X R. Assessment of gas and dust explosion in coal mines by means of fuzzy fault tree analysis[J]. International journal of mining science and technology,2018,28(6):991-998.
[107] 林柏泉,钱立平,翟成. 矿井瓦斯爆炸危险性分析评价系统[J]. 中国煤炭,2003,29(7):12-14.
[108] 李志鹏,吴顺川. 剧烈瓦斯爆炸隧道洞口致损机理[J]. 工程科学学报,2018,40(12):1476-1487.
[109] ENDSLEY M R. Toward a theory of situation awareness in dynamic systems[J]. Human factors,1995,37(1):32-64.
[110] FRANKE U, BRYNIELSSON J. Cyber situational awareness: a systematic review of the literature[J]. Computers & security,2014,46:18-31.
[111] 陈雪龙,姜坤. 基于贝叶斯网络的并发型突发事件链建模方法[J]. 中国管理科学,2021,29(10):165-177.
[112] 宋健,张明广,王雪栋,等. 化工园区突发事件情景下的群体行为模拟演化研究[J]. 中国安全生产科学技术,2018,14(2):70-76.
[113] 宋留勇,刘靖旭,王希祥. 一种基于 GIS 的舆情传播推演系统[J]. 测绘科学,2017,42(3):196-201.
[114] 张晓辉,陈雪波,孙秋柏. 企业员工安全意识涌现仿真研究[J]. 中国安全科学学报,2016,26(10):25-29.
[115] 陈剑锋,龙恺,李明桂. 基于元胞自动机的无线网络安全态势模拟[J]. 通信技术,2014,47(3):302-307.
[116] 胡吉明,田沛霖. 文本智能计算研究的主题挖掘与演化分析[J]. 情报杂志,2021,40(4):139-146.

[117] 何世伟,宋瑞,李玉斌.铁路运输态势推演系统架构及关键技术研究[J].北京交通大学学报,2021,45(4):28-36.

[118] 张庆华,宁小亮,宋志强,等.瓦斯灾害区域安全态势预警技术[J].工矿自动化,2020,46(7):42-48.

[119] 李爽,李丁炜,犹梦洁.煤矿安全态势感知预测系统设计及关键技术[J].煤矿安全,2020,51(5):244-248.

[120] 王赛君.面向公共安全的态势推演系统研究与关键模块实现[D].南京:东南大学,2018.

[121] FUERTES A M, KALOTYCHOU E. Optimal design of early warning systems for sovereign debt crises [J]. International journal of forecasting, 2007, 23(1): 85-100.

[122] TUNG W L, QUEK C, CHENG P. GenSo-EWS: a novel neural-fuzzy based early warning system for predicting bank failures [J]. Neural networks, 2004, 17(4): 567-587.

[123] BUSSIERE M, FRATZSCHER M. Towards a new early warning system of financial crises[J]. Journal of international money and finance, 2006, 25(6): 953-973.

[124] DE GROOT W J, GOLDAMMER J G, KEENAN T, et al. Developing a global early warning system for wildland fire[J]. Forest ecology and management, 2006, 234: S10.

[125] CERVONE G, KAFATOS M, NAPOLETANI D, et al. An early warning system for coastal earthquakes[J]. Advances in space research, 2006, 37(4): 636-642.

[126] 李红杰,吴荣俊,许永胜,等.采掘业灾害预警管理[M].石家庄:河北科学技术出版社,2004.

[127] 肖全兴.矿井通风安全管理预警系统的研究[J].矿业安全与环保,1999(3):5-6,8.

[128] 徐晓建.煤矿安全风险防控及预警系统设计[J].工矿自动化,2020,46(3):105-108.

[129] 王道元,王俊,孟志斌,等.煤矿安全风险智能分级管控与信息预警系统[J].煤炭科学技术,2021,49(10):136-144.

[130] 张纯如,汪勇,丁梅生.矿井瓦斯浓度异常变化危险性预警的研究[J].安徽理工大学学报(自然科学版),2011,31(3):62-67.

[131] 杨玉中,冯长根,吴立云.基于可拓理论的煤矿安全预警模型研究[J].中

国安全科学学报,2008,18(1):40-45,181.
[132] 华攸金,李希建. 基于可拓理论的煤矿安全风险预警与评估[J]. 煤炭工程,2020,52(1):163-168.
[133] 何国家,刘双勇,孙彦彬. 煤矿事故隐患监控预警的理论与实践[J]. 煤炭学报,2009,34(2):212-217.
[134] 蔡崇. 煤矿安全监控系统瓦斯预警结果分析方法[J]. 工矿自动化,2018,44(10):15-18.
[135] 牛强,周勇,王志晓,等. 基于自组织神经网络的煤矿安全预警系统[J]. 计算机工程与设计,2006,27(10):1752-1753,1756.
[136] 杨勇,李树刚,郭佳,等. 基于极值统计理论的矿井瓦斯浓度预警模型[J]. 西安科技大学学报,2009,29(6):681-685.
[137] 牛聚粉,程五一. 基于时间维度的煤与瓦斯突出预警指标体系的构建[J]. 煤炭工程,2012,44(5):96-98.
[138] 曾丽君,张金锁,闫海强. 基于 INTEMOR 的煤矿瓦斯事故智能预警系统[J]. 煤矿安全,2009,40(11):53-56.
[139] HAINES V Y III,MERRHEIM G,ROY M. Understanding reactions to safety incentives[J]. Journal of safety research,2001,32(1):17-30.
[140] KORADECKA D,DRYZEK H. Occupational safety and health in Poland [J]. Journal of safety research,2001,32(2):187-208.
[141] LURKA A. Location of high seismic activity zones and seismic hazard assessment in Zabrze Bielszowice coal mine using passive tomography [J]. Journal of China University of Mining and Technology, 2008, 18(2):177-181.
[142] SUNDERMEYER M,SCHLÜTER R,NEY H. LSTM neural networks for language modeling[C]//PROC. Interspeech 2012. Portland:ISCA, 2012:194-197.
[143] DOU L M,HE X Q,HE H,et al. Spatial structure evolution of overlying strata and inducing mechanism of rockburst in coal mine [J]. Transactions of Nonferrous Metals Society of China, 2014, 24 (4): 1255-1261.
[144] YUAN L. Theory and practice of integrated coal production and gas extraction[J]. International journal of coal science & technology,2015, 2(1):3-11.
[145] 袁亮,姜耀东,何学秋,等. 煤矿典型动力灾害风险精准判识及监控预警关

键技术研究进展[J]. 煤炭学报,2018,43(2):306-318.

[146] 李伟山,王琳,卫晨. LSTM 在煤矿瓦斯预测预警系统中的应用与设计[J]. 西安科技大学学报,2018,38(6):1027-1035.

[147] 王平,刘桥喜. 基于网络 3DGIS 技术的矿井自然灾害预警系统[J]. 煤矿安全,2010,41(9):97-99.

[148] 郭德勇,郑登锋,卫修君,等. 基于 GIS 的瓦斯爆炸诱因预警技术[J]. 煤炭学报,2007,32(12):1287-1290.

[149] 陈宁,陆愈实. 基于 GIS 的矿井通风预警信息系统研究[J]. 中国矿业,2012,21(3):111-113.

[150] 吴杰,冯锋,张海玲. 基于 WSN 的煤矿瓦斯爆炸预警系统模型研究[J]. 计算机仿真,2014,31(4):314-317,351.

[151] 姜福兴,杨光宇,魏全德,等. 煤矿复合动力灾害危险性实时预警平台研究与展望[J]. 煤炭学报,2018,43(2):333-339.

[152] 周忠科,王立杰. 基于 BP 神经网络的煤矿安全预警评估机制研究[J]. 中国安全生产科学技术,2011,7(4):134-138.

[153] 念其锋,施式亮,李润求,等. 基于 PNN 的煤矿安全生产风险综合预警研究[J]. 中国安全生产科学技术,2013,9(10):71-77.

[154] 陈佳林,付恩三. 基于柔性神经元的煤矿安全风险预警模型研究[J]. 煤炭工程,2021,53(7):187-191.

[155] 赵淳. 基于数据挖掘技术的瓦斯爆炸预警仿真研究[J]. 煤炭技术,2018,37(9):236-238.

[156] CHE D F, ZHOU H H. Three-dimensional geoscience modeling and simulation of gas explosion in coal mine[J]. Journal of Shanghai Jiaotong University (Science),2017,22(3):329-333.

[157] 孟现飞. 基于本体的煤矿事故预警知识库模型及其应用[D]. 徐州:中国矿业大学,2014.

[158] 赵慧含. 瓦斯爆炸事故本体构建及语义推理研究[D]. 徐州:中国矿业大学,2018.

[159] 王向前,朱佳,孟祥瑞,等. 一种基于本体与关联规则的煤矿安全监控预警模型[J]. 矿业安全与环保,2019,46(3):27-31.

[160] 孙宇航,唐守锋,童紫原,等. 趋势面分析在煤矿瓦斯爆炸预警模型中的应用[J]. 中国矿业,2019,28(4):131-134.

[161] 陈鸿,丁锦箫,李祥和. ELM 模型在煤矿瓦斯事故预警案例推理中的应用探讨[J]. 矿业安全与环保,2018,45(2):102-105,110.

[162] SKOGDALEN J E, VINNEM J E. Combining precursor incidents investigations and QRA in oil and gas industry [J]. Reliability engineering & system safety, 2012, 101: 48-58.

[163] KYRIAKIDIS M, HIRSCH R, MAJUMDAR A. Metro railway safety: an analysis of accident precursors [J]. Safety science, 2012, 50(7): 1535-1548.

[164] YANG M, KHAN F I, LYE L. Precursor-based hierarchical Bayesian approach for rare event frequency estimation: a case of oil spill accidents [J]. Process safety and environmental protection, 2013, 91(5): 333-342.

[165] BIER V M, YI W. The performance of precursor-based estimators for rare event frequencies[J]. Reliability engineering & system safety, 1995, 50(3): 241-251.

[166] GRABOWSKI M, AYYALASOMAYAJULA P, MERRICK J, et al. Leading indicators of safety in virtual organizations[J]. Safety science, 2007, 45(10): 1013-1043.

[167] SUDDABY R. From the editors: what grounded theory is not [J]. Academy of management journal, 2006, 49(4): 633-642.

[168] BAYBUTT P. The ALARP principle in process safety[J]. Process safety progress, 2014, 33(1): 36-40.

附录　瓦斯爆炸风险因素影响性评估矩阵

表 1　瓦斯爆炸事故致因因素直接影响矩阵

变量	A_1	A_2	B_1	B_2	B_3	B_4	B_5	B_6	B_7	C_1	C_2	C_3	C_4	D_1	D_2	D_3	D_4	E_1	E_2	E_3	E_4	E_5	E_6	Q_1	Q_2	Q_3	F
A_1	0.00	0.67	0.33	0.33	0.00	0.00	0.33	0.33	0.33	0.00	0.00	0.33	0.00	0.00	1.00	2.00	0.00	0.00	0.00	0.33	0.00	0.00	0.00	0.33	0.00	0.00	0.00
A_2	1.33	0.00	0.00	0.00	0.00	0.00	0.00	0.00	0.00	0.00	0.00	0.00	0.00	0.00	0.00	0.00	0.00	0.00	0.00	0.33	0.00	0.00	0.00	0.00	0.00	0.00	0.00
B_1	0.67	0.33	0.00	1.00	0.33	0.67	0.67	0.67	0.33	0.67	0.33	0.67	0.67	0.00	0.00	2.00	0.00	0.00	0.33	0.00	0.33	1.00	3.00	0.00	0.33	0.33	0.00
B_2	1.67	0.33	1.00	0.00	0.33	0.00	0.00	0.00	0.33	0.00	1.33	1.00	1.67	3.00	1.00	3.00	0.00	0.00	0.00	0.00	0.33	0.33	3.00	0.00	0.33	0.33	0.00
B_3	0.67	0.67	1.33	2.67	0.00	0.67	0.33	0.67	0.33	0.00	1.33	0.33	1.33	2.00	1.00	0.33	0.00	0.00	0.00	0.00	0.33	0.33	0.00	0.00	0.00	0.33	0.00
B_4	0.67	1.00	2.00	2.67	2.00	0.00	1.33	1.00	1.33	1.00	0.00	1.00	0.67	0.33	0.67	1.67	0.00	0.00	0.33	0.00	0.00	0.33	0.00	0.00	1.00	1.33	1.00
B_5	0.33	0.67	2.00	2.67	0.67	1.33	0.00	1.67	1.67	0.33	0.00	0.67	0.67	2.00	1.67	3.00	0.00	1.33	0.67	0.00	1.67	0.33	2.00	0.00	1.33	1.67	0.67
B_6	0.67	0.33	2.00	2.33	0.67	0.33	1.67	0.00	2.00	0.00	0.33	0.67	0.33	1.00	0.33	2.33	0.00	0.67	0.33	0.33	1.00	1.33	1.67	0.00	1.67	2.00	1.00
B_7	1.33	0.33	2.00	2.00	1.33	0.67	0.67	1.33	0.00	0.33	0.33	1.00	0.33	2.33	1.67	3.00	0.00	1.00	0.67	1.00	0.67	0.33	3.00	0.33	1.00	2.00	0.33
C_1	1.67	0.67	0.33	1.67	0.33	0.67	0.33	0.33	0.00	0.00	2.00	2.33	0.00	0.00	0.33	0.67	0.00	0.67	0.00	0.00	0.00	0.00	1.67	0.00	1.00	1.67	0.00
C_2	1.67	0.67	0.33	0.33	0.33	0.33	0.33	0.33	0.33	0.67	0.00	1.33	0.00	0.00	0.00	0.33	0.00	0.00	0.00	0.67	0.33	0.33	0.00	0.00	0.33	0.33	0.33
C_3	2.00	0.67	0.33	0.33	0.33	0.67	0.33	0.33	0.00	0.33	0.67	0.67	0.33	1.00	0.00	0.33	0.00	0.00	0.00	0.00	0.33	0.33	0.00	0.33	0.00	0.00	0.33
C_4	1.00	0.33	0.33	0.33	0.33	0.33	0.33	0.33	0.00	0.67	1.00	0.00	0.00	0.00	0.00	0.00	0.00	0.00	0.00	0.00	0.33	0.33	0.00	0.00	0.33	0.00	0.33
D_1	0.00	0.00	0.00	0.00	0.00	0.00	0.00	0.00	0.00	0.00	0.00	0.00	0.00	0.00	0.00	0.00	0.00	0.00	0.00	0.00	0.00	0.00	0.00	0.00	0.00	0.00	0.00
D_2	2.00	0.00	0.00	0.00	0.00	0.00	0.00	0.00	0.00	0.00	0.00	1.33	0.00	0.00	0.00	0.00	0.00	0.00	0.00	0.00	0.00	0.00	0.00	0.00	0.00	0.00	0.00
D_3	0.00	0.00	0.00	0.00	0.00	0.00	0.00	0.00	0.00	0.00	0.00	0.00	0.00	0.00	0.00	0.00	0.00	0.00	0.00	0.00	0.00	0.00	0.00	0.00	0.00	0.00	0.00
D_4	3.00	0.00	0.00	0.00	0.00	0.00	0.00	0.00	0.00	0.00	0.00	0.00	0.00	0.33	2.00	0.00	0.00	0.00	0.00	0.00	0.00	0.00	0.00	0.00	0.00	0.00	0.00
E_1	1.00	0.33	2.00	1.33	0.67	0.67	0.67	0.33	0.33	1.33	1.33	1.67	1.00	1.33	0.00	0.33	0.00	0.00	0.33	0.33	1.67	0.33	0.00	0.67	1.33	0.67	1.67
E_2	0.33	0.33	1.67	2.00	1.67	1.00	1.67	2.00	1.33	0.67	0.67	0.67	0.33	0.33	0.00	2.00	0.00	0.67	0.00	0.67	1.33	1.33	1.67	0.67	1.00	1.00	1.00
E_3	1.00	0.67	1.33	1.33	1.33	1.00	2.33	1.33	1.33	1.00	1.00	1.00	1.00	0.67	0.00	1.33	0.00	1.33	1.00	0.00	2.33	1.00	2.33	0.67	1.00	1.33	1.00

表 1(续)

变量	A_1	A_2	B_1	B_2	B_3	B_4	B_5	B_6	B_7	C_1	C_2	C_3	C_4	D_1	D_2	D_3	D_4	E_1	E_2	E_3	E_4	E_5	E_6	Q_1	Q_2	Q_3	F
E_4	1.33	0.67	2.33	2.67	1.00	0.33	0.33	1.00	1.67	1.33	2.00	2.33	1.33	2.33	0.33	1.67	0.00	1.00	1.33	2.00	0.00	1.67	0.33	0.33	1.00	1.33	1.00
E_5	1.00	0.33	3.00	3.00	3.00	2.67	2.33	2.33	2.00	0.33	0.33	1.67	0.33	0.00	0.00	1.67	0.00	0.67	1.33	1.33	1.67	0.00	3.00	0.33	2.33	1.67	1.00
E_6	1.33	1.67	0.00	1.33	0.33	0.00	0.00	0.00	2.33	2.67	0.67	3.00	0.67	1.33	1.67	0.67	0.33	0.00	0.00	0.00	0.00	0.00	0.00	0.00	0.00	0.00	0.00
Q_1	0.67	0.67	1.00	1.33	1.00	0.67	0.33	0.67	0.67	0.67	0.33	0.33	0.00	0.00	0.00	0.00	0.00	1.67	1.00	2.00	1.67	1.00	1.33	0.00	1.33	0.67	1.00
Q_2	1.00	0.33	2.00	2.00	0.67	0.33	0.67	1.33	1.67	1.00	1.00	1.33	1.33	0.33	0.67	1.67	0.00	2.00	1.67	2.00	2.33	2.33	2.00	0.67	0.00	2.00	1.33
Q_3	2.00	1.00	1.33	1.67	1.33	0.33	1.00	1.33	1.67	1.33	2.00	0.33	1.67	2.00	2.33	2.33	0.67	1.33	1.00	1.00	2.00	2.33	3.00	0.67	0.00	2.00	1.33
F	1.33	0.67	1.67	2.00	1.00	1.00	1.00	0.67	2.33	1.67	1.67	1.67	2.00	0.67	0.00	0.33	0.00	1.00	0.67	0.67	1.33	1.67	1.33	1.00	0.67	0.00	1.00

表 2　瓦斯爆炸事故致因因素综合影响矩阵

变量	A_1	A_2	B_1	B_2	B_3	B_4	B_5	B_6	B_7	C_1	C_2	C_3	C_4	D_1	D_2	D_3	D_4	E_1	E_2	E_3	E_4	E_5	E_6	Q_1	Q_2	Q_3	F
A_1	0.01	0.02	0.01	0.01	0.00	0.00	0.01	0.01	0.01	0.00	0.00	0.01	0.00	0.00	0.03	0.06	0.00	0.00	0.00	0.01	0.00	0.00	0.01	0.01	0.00	0.00	0.00
A_2	0.04	0.00	0.00	0.00	0.00	0.00	0.00	0.00	0.00	0.00	0.00	0.00	0.00	0.00	0.00	0.00	0.00	0.00	0.00	0.01	0.00	0.00	0.00	0.00	0.00	0.00	0.00
B_1	0.04	0.02	0.02	0.05	0.02	0.03	0.03	0.03	0.03	0.03	0.02	0.04	0.03	0.02	0.01	0.08	0.00	0.01	0.01	0.01	0.02	0.04	0.10	0.00	0.02	0.02	0.01
B_2	0.06	0.02	0.04	0.01	0.02	0.01	0.01	0.01	0.02	0.01	0.04	0.04	0.05	0.09	0.04	0.10	0.00	0.00	0.00	0.01	0.02	0.02	0.09	0.00	0.01	0.01	0.00
B_3	0.04	0.03	0.05	0.09	0.01	0.02	0.02	0.03	0.02	0.01	0.05	0.02	0.04	0.07	0.04	0.03	0.00	0.00	0.00	0.01	0.02	0.02	0.02	0.00	0.01	0.02	0.01
B_4	0.05	0.04	0.08	0.11	0.07	0.01	0.05	0.04	0.06	0.04	0.02	0.05	0.04	0.04	0.04	0.08	0.00	0.01	0.02	0.01	0.02	0.03	0.04	0.01	0.04	0.05	0.04
B_5	0.05	0.04	0.09	0.12	0.04	0.05	0.02	0.07	0.07	0.03	0.03	0.05	0.04	0.09	0.07	0.13	0.00	0.05	0.03	0.02	0.07	0.03	0.10	0.01	0.05	0.07	0.03
B_6	0.06	0.03	0.09	0.11	0.04	0.03	0.06	0.02	0.08	0.02	0.03	0.05	0.03	0.06	0.03	0.11	0.00	0.04	0.02	0.03	0.05	0.06	0.09	0.01	0.06	0.08	0.04
B_7	0.07	0.03	0.08	0.09	0.06	0.03	0.04	0.06	0.03	0.03	0.03	0.06	0.03	0.09	0.07	0.12	0.00	0.04	0.03	0.04	0.04	0.03	0.12	0.02	0.04	0.07	0.02
C_1	0.07	0.03	0.03	0.07	0.02	0.03	0.02	0.02	0.02	0.01	0.07	0.08	0.01	0.02	0.02	0.04	0.00	0.03	0.01	0.01	0.01	0.01	0.06	0.00	0.03	0.05	0.01
C_2	0.06	0.02	0.02	0.02	0.02	0.02	0.02	0.02	0.02	0.02	0.01	0.05	0.01	0.01	0.01	0.03	0.00	0.01	0.00	0.02	0.02	0.02	0.01	0.00	0.02	0.02	0.01
C_3	0.06	0.02	0.02	0.02	0.01	0.02	0.01	0.01	0.01	0.01	0.02	0.01	0.01	0.03	0.01	0.02	0.00	0.00	0.00	0.00	0.01	0.01	0.01	0.01	0.01	0.01	0.01
C_4	0.04	0.01	0.02	0.02	0.01	0.01	0.01	0.01	0.01	0.02	0.03	0.01	0.01	0.01	0.00	0.01	0.00	0.00	0.00	0.00	0.01	0.01	0.01	0.00	0.01	0.01	0.01
D_1	0.00	0.00	0.00	0.00	0.00	0.00	0.00	0.00	0.00	0.00	0.00	0.00	0.00	0.00	0.00	0.00	0.00	0.00	0.00	0.00	0.00	0.00	0.00	0.00	0.00	0.00	0.00
D_2	0.06	0.00	0.00	0.00	0.00	0.00	0.00	0.00	0.00	0.00	0.00	0.04	0.00	0.00	0.00	0.00	0.00	0.00	0.00	0.00	0.00	0.00	0.00	0.00	0.00	0.00	0.00
D_3	0.00	0.00	0.00	0.00	0.00	0.00	0.00	0.00	0.00	0.00	0.00	0.00	0.00	0.00	0.00	0.00	0.00	0.00	0.00	0.00	0.00	0.00	0.00	0.00	0.00	0.00	0.00
D_4	0.08	0.00	0.00	0.00	0.00	0.00	0.00	0.00	0.00	0.00	0.00	0.00	0.00	0.01	0.06	0.01	0.00	0.00	0.00	0.00	0.00	0.00	0.00	0.00	0.00	0.00	0.00
E_1	0.06	0.02	0.08	0.07	0.04	0.03	0.03	0.03	0.03	0.05	0.06	0.07	0.05	0.06	0.01	0.05	0.00	0.01	0.02	0.02	0.06	0.03	0.03	0.02	0.05	0.04	0.06
E_2	0.05	0.03	0.09	0.11	0.07	0.05	0.07	0.08	0.07	0.04	0.05	0.06	0.03	0.05	0.02	0.10	0.00	0.04	0.02	0.03	0.06	0.06	0.09	0.03	0.05	0.05	0.04
E_3	0.07	0.04	0.08	0.09	0.06	0.05	0.09	0.06	0.07	0.06	0.06	0.07	0.05	0.06	0.03	0.09	0.00	0.06	0.04	0.02	0.09	0.05	0.11	0.03	0.05	0.07	0.05
E_4	0.08	0.04	0.10	0.12	0.06	0.03	0.04	0.05	0.08	0.06	0.08	0.10	0.06	0.10	0.03	0.10	0.00	0.04	0.05	0.07	0.03	0.07	0.06	0.02	0.05	0.06	0.05

表 2(续)

变量	A_1	A_2	B_1	B_2	B_3	B_4	B_5	B_6	B_7	C_1	C_2	C_3	C_4	D_1	D_2	D_3	D_4	E_1	E_2	E_3	E_4	E_5	E_6	Q_1	Q_2	Q_3	F
E_5	0.08	0.04	0.14	0.15	0.12	0.10	0.09	0.10	0.10	0.04	0.05	0.10	0.05	0.06	0.04	0.12	0.00	0.04	0.06	0.06	0.08	0.04	0.15	0.02	0.09	0.08	0.05
E_6	0.06	0.05	0.01	0.05	0.02	0.01	0.01	0.01	0.07	0.08	0.03	0.10	0.02	0.05	0.05	0.04	0.01	0.01	0.00	0.01	0.01	0.01	0.02	0.00	0.01	0.01	0.00
Q_1	0.05	0.04	0.06	0.08	0.05	0.03	0.03	0.04	0.05	0.04	0.03	0.04	0.02	0.03	0.02	0.04	0.00	0.06	0.04	0.07	0.07	0.05	0.08	0.01	0.05	0.04	0.04
Q_2	0.08	0.04	0.11	0.12	0.05	0.04	0.05	0.07	0.09	0.06	0.06	0.09	0.07	0.05	0.05	0.11	0.00	0.08	0.06	0.08	0.10	0.09	0.12	0.03	0.03	0.09	0.06
Q_3	0.10	0.05	0.08	0.10	0.07	0.03	0.05	0.06	0.08	0.06	0.08	0.06	0.07	0.09	0.09	0.12	0.02	0.05	0.04	0.05	0.08	0.09	0.13	0.03	0.03	0.03	0.05
F	0.08	0.04	0.08	0.10	0.05	0.05	0.05	0.04	0.09	0.07	0.07	0.08	0.08	0.05	0.02	0.06	0.00	0.04	0.03	0.03	0.06	0.06	0.08	0.03	0.04	0.03	0.02

表 3　瓦斯爆炸事故致因因素可达矩阵

变量	A_1	A_2	B_1	B_2	B_3	B_4	B_5	B_6	B_7	C_1	C_2	C_3	C_4	D_1	D_2	D_3	D_4	E_1	E_2	E_3	E_4	E_5	E_6	Q_1	Q_2	Q_3	F
A_1	1	0	0	0	0	0	0	0	0	0	0	0	0	0	0	1	0	0	0	0	0	0	0	0	0	0	0
A_2	0	1	0	0	0	0	0	0	0	0	0	0	0	0	0	0	0	0	0	0	0	0	0	0	0	0	0
B_1	1	0	1	1	1	1	1	1	1	1	1	1	1	1	1	1	0	1	1	1	1	1	1	0	1	1	1
B_2	1	0	1	1	1	1	1	1	1	1	1	1	1	1	1	1	0	1	1	1	1	1	1	0	1	1	1
B_3	1	0	1	1	1	1	1	1	1	1	1	1	1	1	1	1	0	1	1	1	1	1	1	0	1	1	1
B_4	1	0	1	1	1	1	1	1	1	1	1	1	1	1	1	1	0	1	1	1	1	1	1	0	1	1	1
B_5	1	0	1	1	1	1	1	1	1	1	1	1	1	1	1	1	0	1	1	1	1	1	1	0	1	1	1
B_6	1	0	1	1	1	1	1	1	1	1	1	1	1	1	1	1	0	1	1	1	1	1	1	0	1	1	1
B_7	1	0	1	1	1	1	1	1	1	1	1	1	1	1	1	1	0	1	1	1	1	1	1	0	1	1	1
C_1	1	0	1	1	1	1	1	1	1	1	1	1	1	1	1	1	0	1	1	1	1	1	1	0	1	1	1
C_2	1	0	0	0	0	0	0	0	0	0	1	0	0	0	0	1	0	0	0	0	0	0	0	0	0	0	0
C_3	1	0	0	0	0	0	0	0	0	0	0	1	0	0	0	1	0	0	0	0	0	0	0	0	0	0	0
C_4	0	0	0	0	0	0	0	0	0	0	0	0	1	0	0	0	0	0	0	0	0	0	0	0	0	0	0
D_1	0	0	0	0	0	0	0	0	0	0	0	0	0	1	0	0	0	0	0	0	0	0	0	0	0	0	0
D_2	1	0	0	0	0	0	0	0	0	0	0	0	0	0	1	1	0	0	0	0	0	0	0	0	0	0	0
D_3	0	0	0	0	0	0	0	0	0	0	0	0	0	0	0	1	0	0	0	0	0	0	0	0	0	0	0
D_4	1	0	0	0	0	0	0	0	0	0	0	0	0	0	1	1	1	0	0	0	0	0	0	0	0	0	0
E_1	1	0	1	1	1	1	1	1	1	1	1	1	1	1	1	1	0	1	1	1	1	1	1	0	1	1	1
E_2	1	0	1	1	1	1	1	1	1	1	1	1	1	1	1	1	0	1	1	1	1	1	1	0	1	1	1
E_3	1	0	1	1	1	1	1	1	1	1	1	1	1	1	1	1	0	1	1	1	1	1	1	0	1	1	1
E_4	1	0	1	1	1	1	1	1	1	1	1	1	1	1	1	1	0	1	1	1	1	1	1	0	1	1	1
E_5	1	0	1	1	1	1	1	1	1	1	1	1	1	1	1	1	0	1	1	1	1	1	1	0	1	1	1

表 3(续)

变量	A_1	A_2	B_1	B_2	B_3	B_4	B_5	B_6	B_7	C_1	C_2	C_3	C_4	D_1	D_2	D_3	D_4	E_1	E_2	E_3	E_4	E_5	E_6	Q_1	Q_2	Q_3	F
E_6	1	0	1	1	1	1	1	1	1	1	1	1	1	1	1	1	0	1	1	1	1	1	1	0	1	1	1
Q_1	1	0	1	1	1	1	1	1	1	1	1	1	1	1	1	1	0	1	1	1	1	1	1	1	1	1	1
Q_2	1	0	1	1	1	1	1	1	1	1	1	1	1	1	1	1	0	1	1	1	1	1	1	0	1	1	1
Q_3	1	0	1	1	1	1	1	1	1	1	1	1	1	1	1	1	0	1	1	1	1	1	1	0	1	1	1
F	1	0	1	1	1	1	1	1	1	1	1	1	1	1	1	1	0	1	1	1	1	1	1	0	1	1	1